U0236829

水利水电工程施工实用手册

土石方开挖工程施工

《水利水电工程施工实用手册》编委会　编

中国环境出版社

图书在版编目(CIP)数据

土石方开挖工程施工 /《水利水电工程施工实用手册》编委会编.
—北京:中国环境出版社,2017.12
(水利水电工程施工实用手册)
ISBN 978-7-5111-3424-0

Ⅰ.①土… Ⅱ.①水… Ⅲ.①水利水电工程—土方工程—技术手册 Ⅳ.①TV541-62

中国版本图书馆 CIP 数据核字(2017)第 292856 号

出 版 人	武德凯
责任编辑	罗永席
责任校对	尹 芳
装帧设计	宋 瑞

出版发行　中国环境出版社
　　　　　(100062 北京市东城区广渠门内大街 16 号)
　　　　　网　　址:http://www.cesp.com.cn
　　　　　电子邮箱:bjgl@cesp.com.cn
　　　　　联系电话:010-67112765(编辑管理部)
　　　　　　　　　　010-67112739(建筑分社)
　　　　　发行热线:010-67125803,010-67113405(传真)
　　　　　印装质量热线:010-67113404

印　　刷	北京盛通印刷股份有限公司
经　　销	各地新华书店
版　　次	2017 年 12 月第 1 版
印　　次	2017 年 12 月第 1 次印刷
开　　本	787×1092　1/32
印　　张	8.375
字　　数	219 千字
定　　价	26.00 元

《水利水电工程施工实用手册》
编 委 会

总 主 编：赵长海

副总主编：郭明祥

编　　委：冯玉禄　李建林　李行洋　张卫军

　　　　　刁望利　傅国华　肖恩尚　孔祥生

　　　　　何福元　向亚卿　王玉竹　刘能胜

　　　　　甘维忠　冷鹏主　钟汉华　董　伟

　　　　　王学信　毛广锋　陈忠伟　杨联东

　　　　　胡昌春

审　　定：中国水利工程协会

《土石方开挖工程施工》

主　　编：何福元

副 主 编：李颂君　钱猛进　肖忠波

参编人员：洪　星　胡　宇　程　博　赵　洋

　　　　　杜浩然

主　　审：杨维明　王星亮

前言

水利水电工程施工虽然与一般的工民建、市政工程及其他土木工程施工有许多共同之处，但由于其施工条件较为复杂，工程规模较为庞大，施工技术要求高，因此又具有明显的复杂性、多样性、实践性、风险性和不连续性的特点。如何科学、规范地进行水利水电工程施工是一个不断实践和探索的过程。近20年来，我国水利水电建设事业有了突飞猛进的发展，一大批水利水电工程相继建成，取得了举世瞩目的成就，同时水利水电施工技术水平也得到极大的提高，很多方面已达到世界领先水平。对这些成熟的施工经验、技术成果进行总结，进而推广应用，是一项对企业、行业和全社会都有现实意义的任务。

为了满足水利水电工程施工一线工程技术人员和操作工人的业务需求，着眼提高其业务技术水平和操作技能，在中国水利工程协会指导下，湖北水总水利水电建设股份有限公司联合湖北水利水电职业技术学院、中国水电基础局有限公司、中国水电第三工程局有限公司制造安装分局、郑州水工机械有限公司、湖北正平水利水电工程质量检测公司、山东水总集团有限公司等十多家施工单位、大专院校和科研院所，共同组成《水利水电工程施工实用手册》丛书编委会，组织编写了《水利水电工程施工实用手册》丛书。本套丛书共计16册，参与编写的施工技术人员及专家达150余人，从2015年5月开始，历时两年多时间完成。

本套丛书以现场需要为目的，只讲做法和结论，突出"实用"二字，围绕"工程"做文章，让一线人员拿来就能学，学了就会用。为达到学以致用的目的，本丛书突出了两大特点：一是通俗易懂、注重实用，手册编写是有意把一些繁琐的原理分析去掉，直接将最实用的内容呈现在读者面前；二是专业独立、相互呼应，全套丛书共计16册，各册内容既相互关联,又相对独立,实际工作中可以根据工程和专业需要,选择一本或几本进行参考使用,为一线工程技术人员使用本手册提供最大的便利。

《水利水电工程施工实用手册》丛书涵盖以下内容:

1)工程识图与施工测量;2)建筑材料与检测;3)地基与基础处理工程施工;4)灌浆工程施工;5)混凝土防渗墙工程施工;6)土石方开挖工程施工;7)砌体工程施工;8)土石坝工程施工;9)混凝土面板堆石坝工程施工;10)堤防工程施工;11)疏浚与吹填工程施工;12)钢筋工程施工;13)模板工程施工;14)混凝土工程施工;15)金属结构制造与安装(上、下册);16)机电设备安装。

在这套丛书编写和审稿过程中,我们遵循以下原则和要求对技术内容进行编写和审核:

1)各册的技术内容,要求符合现行国家或行业标准与技术规范。对于国内外先进施工技术,一般要经过国内工程实践证明实用可行,方可纳入。

2)以专业分类为纲,施工工序为目,各册、章、节格式基本保持一致,尽量做到简明化、数据化、表格化和图示化。对于技术内容,求对不求全,求准不求多,求实用不求系统,突出丛书的实用性。

3)为保持各册内容相对独立、完整,各册之间允许有部分内容重叠,但本册内应避免出现重复。

4)尽量反映近年来国内外水利水电施工领域的新技术、新工艺、新材料、新设备和科技创新成果,以便工程技术人员参考应用。

参加本套丛书编写的多为施工单位的一线工程技术人员,还有设计、科研单位和部分大专院校的专家、教授,参与审核的多为水利水电行业内有丰富施工经验的知名人士,全体参编人员和审核专家都付出了辛勤的劳动和智慧,在此一并表示感谢! 在丛书的编写过程中,武汉大学水利水电学院的申明亮、朱传云教授,三峡大学水利与环境学院周宜红、赵春菊、孟永东教授,长江勘测规划设计研究院陈勇伦、李锋教授级高级工程师,黄河勘测规划设计有限公司孙胜利、李志明教授级高级工程师等,都对本书的编写提出了宝贵的意见，我们深表谢意！

中国水利工程协会组织并主持了本套丛书的审定工作，有关领导给予了大力支持，特邀专家们也都提出了修改意见和指导性建议，在此表示衷心感谢！

由于水利水电施工技术和工艺正在不断地进步和提高，而编写人员所收集、掌握的资料和专业技术水平毕竟有限，书中难免有很多不妥之处乃至错误，恳请广大的读者、专家和工程技术人员不吝指正，以便再版时增补订正。

让我们不忘初心，继续前行，携手共创水利水电工程建设事业美好明天！

《水利水电工程施工实用手册》编委会

2017 年 10 月 12 日

目 录

第一章

岩石基本性质

第一节　岩石主要物理性质

岩石是由固体、液体和气体三相组成的。其物理性质是指岩石三相组成部分的相对比例关系不同所表现的物理状态,与工程密切相关的物理性质有密度和孔隙性。

一、密度

岩石密度是指单位体积内岩石的质量,单位为 g/cm^3。它是建筑材料选择、岩石风化研究及岩体稳定性和围岩压力预测等的重要参数。岩石密度又分为颗粒密度和块体密度,各类常见岩石的密度值见表 1-1。

表 1-1　　　　　常见岩石的物理性质指标值

岩石名称	颗粒密度 $\rho_0/(g/cm^3)$	块体密度 $\rho/(g/cm^3)$	空隙率 n	吸水率	软化系数 $K_软$
花岗岩	2.50～2.84	2.30～2.80	0.4%～0.5%	0.1%～4.0%	0.72～0.97
闪长岩	2.60～3.10	2.52～2.96	0.2%～5.0%	0.3%～5.0%	0.60～0.80
辉绿岩	2.60～3.10	2.53～2.97	0.3%～5.0%	0.8%～5.0%	0.33～0.90
辉长岩	2.70～3.20	2.55～2.98	0.3%～4.0%	0.5%～4.0%	
安山岩	2.40～2.80	2.30～2.70	1.10%～4.5%	0.3%～4.5%	0.81～0.91
玢岩	2.60～2.84	2.40～2.80	2.1%～5.0%	0.4%～1.7%	0.78～0.81
玄武岩	2.60～3.30	2.50～3.10	0.5%～7.2%	0.3%～2.8%	0.30～0.95
凝灰岩	2.56～2.78	2.29～2.50	1.5%～7.5%	0.5%～7.5%	0.52～0.88
砾岩	2.67～2.71	2.40～2.66	0.8%～10.0%	0.3%～2.4%	0.50～0.96
砂岩	2.60～2.75	2.20～2.71	1.6%～28.0%	0.2%～9.0%	0.55～0.97
页岩	2.57～2.77	2.30～2.62	0.4%～10.0%	0.5%～3.2%	0.24～0.74

岩石名称	颗粒密度 $\rho_0/(\mathrm{g/cm^3})$	块体密度 $\rho/(\mathrm{g/cm^3})$	空隙率 n	吸水率	软化系数 $K_{软}$
石灰岩	2.48～2.85	2.30～2.77	0.5%～27.0%	0.1%～4.5%	0.70～0.94
泥灰岩	2.70～2.80	2.10～2.70	1.0%～10.0%	0.5%～3.0%	0.44～0.54
白云岩	2.60～2.90	2.10～2.70	0.3%～25.0%	0.1%～3.0%	
片麻岩	2.63～3.01	2.30～3.00	0.7%～2.2%	0.1%～0.7%	0.75～0.97
石英片岩	2.60～2.80	2.10～2.80	0.7%～3.0%	0.1%～0.3%	0.44～0.84
绿泥石片岩	2.80～2.90	2.10～2.85	0.8%～2.1%	0.1%～0.6%	0.53～0.69
千枚岩	2.81～2.96	2.71～2.86	0.4%～3.6%	0.5%～1.8%	0.67～0.96
泥质板岩	2.70～2.85	2.30～2.80	0.1%～0.5%	0.1%～0.3%	0.39～0.52
大理岩	2.80～2.85	2.60～2.70	0.1%～6.0%	0.1%～1.0%	
石英岩	2.53～2.84	2.40～2.80	0.1%～8.7%	0.1%～1.5%	0.94～0.96

二、孔隙性

孔隙性指孔隙的发育程度,用孔隙度表示(孔隙的总体积与岩石的总体积之比),其大小决定于结构和构造。

三、吸水性

吸水性反映岩石在一定条件下的吸水能力,用吸水率表示(数值上等于岩石的吸水重量与同体积干燥岩石重量的比)。其大小与岩石孔隙度的大小、孔隙的张开程度有关。部分岩石的吸水性指标值见表1-2。

表1-2　　　　　几种岩石吸水性指标值

岩石名称	吸水率	饱和吸水率	饱水系数
花岗岩	0.46%	0.84%	0.55
石英闪长岩	0.32%	0.54%	0.59
玄武岩	0.27%	0.39%	0.69
基性斑岩	0.35%	0.42%	0.83
云母片岩	0.13%	1.31%	0.10
砂岩	7.01%	11.99%	0.60
石灰岩	0.09%	0.25%	0.36
白云质灰岩	0.74%	0.92%	0.80

四、软化性

软化性是指岩石遇水后,它的强度和稳定性发生变化的性质,用软化系数表示,其大小决定于矿物成分、结构和构造。

五、抗冻性

抗冻性指岩石抵抗因水结冰产生的体积膨胀力的能力。在高寒冰冻区岩石的抗冻性能较为重要。

第二节　岩石主要力学性质

一、岩石的变形

岩石的变形用弹性模量(应力与应变之比)和泊松比[横向应变与纵向应变之比(0.2～0.4)]两个指标表示。

二、岩石的强度

岩石的强度指岩石抵抗外力破坏的能力,用岩石在达到破坏前所能承受的最大应力来表示。岩石的主要破坏形式有压碎、拉断和剪断。常用的对应的强度指标是抗压、抗剪、抗拉强度。

抗压强度:岩石在单向压力作用下抵抗压碎破坏的能力。

抗剪强度:岩石抵抗剪切破坏的能力为抗压强度的$10\%\sim40\%$。

抗拉强度:数值上等于岩石单向拉伸时,拉断破坏时的最大张应力。抗拉强度为抗压强度的$2\%\sim16\%$。

第三节　钻孔岩石的分级与凿岩爆破的关系

一、土壤及岩石分类

土类分级见表 1-3,岩石分级见表 1-4。

表 1-3　　　　　　　　土类分级

土质类别	自然湿容重 /(kg/m³)	外形特征	土名
I	1650～1750	疏松、黏着力差易透水,略有黏性	砂土、种植土

土质类别	自然湿容重 /(kg/m³)	外形特征	土名
Ⅱ	1750～1850	保水、透水性弱，强度低，压缩性高	壤土、淤泥、含壤种植土
Ⅲ	1800～1950	粘手，干硬看不见砂粒	黏土、干燥黄土、干淤泥、少量砾石黏土
Ⅳ	1900～2100	结构坚硬，将土分裂后成块状或含黏粒，砾石较多	坚硬黏土、砾质黏土、含卵石黏土

表 1-4 岩石分级

岩石级别	实体岩石自然湿度平均容重 /(kg/m³)	时间/(min/m)			极限抗压强度 /(kg/cm²)	岩石名称
		用直径 30mm 合金钻头，凿岩机打眼（工作气压 4.5 气压）	用直径 30mm 淬火钻头，凿岩机打眼（工作气压 4.5 气压）	用直径 25mm 钻杆，人工单人打眼		
Ⅴ	1500 1950 1900～2200 2000	/	≤3.5	≤30	≤200	1. 砂藻土及软的白垩岩；2. 硬的石炭纪的黏土；3. 胶结不紧砾岩；4. 不坚实的页岩
Ⅵ	2200 2600 2700 2300	/	3.5～4.5	30～60	200～400	1. 软的有孔隙的节理多的石灰岩及贝壳石灰岩；2. 密实的白垩；3. 中等坚实的页岩；4. 中等坚实的泥灰岩
Ⅶ	2200 2200 2800 2500	/	4.5～7	61～95	400～600	1. 水成岩卵石经石灰岩胶结而成的砾石；2. 风化的节理多的黏土质砂岩；3. 坚硬的泥质页岩；4. 坚实的泥灰岩

岩石级别	实体岩石自然湿度平均容重/(kg/m³)	时间/(min/m)			极限抗压强度/(kg/cm²)	岩石名称
		用直径30mm合金钻头，凿岩机打眼（工作气压4.5气压）	用直径30mm淬火钻头，凿岩机打眼（工作气压4.5气压）	用直径25mm钻杆，人工单人打眼		
Ⅷ	2300 2300 2200 2300 2900	5.7～7.7	7.1～10	96～135	600～800	1. 角砾状花岗岩； 2. 泥灰质石灰岩； 3. 黏土质砂岩； 4. 云母页岩及砂质页岩； 5. 硬石膏
Ⅸ	2500 2400 2500 2500 2500 2500	7.8～9.2	10.1～13	136～175	800～1000	1. 软的风化较甚的花岗岩、片麻岩及正常岩； 2. 滑石质蛇纹岩； 3. 密实石灰岩； 4. 水成岩卵石经硅质胶结的砾岩； 5. 砂岩； 6. 砂质石灰岩的页岩
Ⅹ	2700 2700 2700 2600 2600	9.3～10.8	13.1～17	176～215	1000～1200	1. 白云岩； 2. 坚实的石灰岩； 3. 大理石； 4. 石灰质胶结的致密砂岩； 5. 坚硬砂质页岩
Ⅺ	2800 2900 2600 2800 2700 2700	10.9～11.5	17.1～20	216～260	1200～1400	1. 粗粒花岗岩； 2. 特别坚实的白云岩； 3. 蛇纹岩； 4. 火成岩卵石经灰质胶结的砾岩； 5. 石灰质胶结的坚实砂岩； 6. 粗粒正长岩

岩石级别	实体岩石自然湿度平均容重/(kg/m³)	时间/(min/m)			极限抗压强度/(kg/cm²)	岩石名称
		用直径 30mm 合金钻头，凿岩机打眼（工作气压 4.5 气压）	用直径 30mm 淬火钻头，凿岩机打眼（工作气压 4.5 气压）	用直径 25mm 钻杆，人工单人打眼		
XII	2700 2600 2900 2600	11.6~13.3	20.1~25	261~320	1400~1600	1. 有风化痕迹的安山岩及玄武岩； 2. 片麻岩、粗面岩； 3. 特别坚实的石灰岩； 4. 火成岩卵石经硅质胶结的砾石
XIII	3100 2800 2700 2500 2800 2800	13.4~14.8	25.1~30	321~400	1600~1800	1. 中粒花岗岩； 2. 坚实的片麻岩； 3. 辉绿岩； 4. 玢岩； 5. 坚实的粗面岩； 6. 中粒正常岩
XIV	3300 2900 2900 3100 2700	14.9~18.2	30.1~40	/	1800~2000	1. 特别坚实的细粒花岗岩； 2. 花岗片麻岩； 3. 闪长岩； 4. 最坚实的石灰岩； 5. 坚实的玢岩
XV	3100 2900 2800	18.3~24	40.1~60	/	2000~2500	1. 安山岩、玄武岩、坚实的角闪岩； 2. 最坚实的辉绿岩及闪长岩； 3. 坚实的辉长岩及石英岩
XVI	3300 3000	>24	>60		>2500	1. 钙钠长石质橄榄石质玄武岩； 2. 特别坚实的辉长岩、辉绿岩、石英岩及玢岩

二、岩石可钻性分级

岩石的可钻性是指钻进时岩石抵抗压力和破碎的能力，也表示进尺效率的高低。因此，岩石的可钻性是岩石各种特性的综合，是衡量岩石钻进难易程度的主要指标。一般用单位时间的进尺数来表示可钻性的高低。按照这个分级方法，常把岩石的可钻性划分为十二个等级。

由于各种岩石具有不同的物理力学性质，对钻进速度有不同的影响。在实际钻进过程中，在一定的技术条件下，测定出的各种岩石的钻进速度通称为岩石的可钻性，也就是岩石被钻头破碎的难易程度。岩心钻探时岩石的可钻性分级如下：

一级：松散土

松软疏散的。代表性岩石为：次生黄土、次生红土、松软不含碎石及角砾的砂土、硅藻土、不含植物根的泥炭质腐殖层（可钻性：7.50m/h，一次提钻长度：2.80m/次）。

二级：较软松散岩

较松软疏散的。代表性岩石为：黄土层、红土层、松软的泥炭层、含10%～20%砾石、碎石的黏土质和砂土质、松软的高岭土类、含植物根的腐殖层（可钻性：4.00m/h，一次提钻长度：2.40m/次）。

三级：软岩

软的。代表性岩石为：强风化页岩、板岩、千枚岩和片岩，轻微胶结的砂层，含20%砾石、碎石的砂土，含20%礓结石的黄土层，石膏质土层，泥灰岩，滑石片岩、贝壳石灰岩、褐煤、烟煤（可钻性：2.45m/h，一次提钻长度：2.00m/次）。

四级：稍软岩

稍软的。代表性岩石为：页岩、砂质页岩、油页岩、炭质页岩、钙质页岩、砂页岩互层，较致密的泥灰岩、泥质砂岩，块状石灰岩、白云岩、强风化的橄榄岩、纯橄榄岩、蛇纹岩和磷灰岩、中等硬度煤层、岩盐、结晶石膏、高岭土层、火山泥灰岩、冻结的含水砂层（可钻性：1.60m/h，一次提钻长度：1.70m/次）。

五级:稍硬岩

稍硬的。代表性岩石为:卵石、碎石及砾石层、崩级层、泥质板岩、绢云母绿泥石板岩、千枚岩和片岩、细粒结晶灰岩、大理石、较松软的砂岩、蛇纹岩、纯橄榄岩、风化的角闪石斑岩和粗面岩、硬烟煤、无烟煤、冻结的粗粒砂、砾层、冻土层(可钻性:1.15m/h,一次提钻长度:1.50m/次)。

六级、七级:中硬岩

中等硬度的。代表性岩石为:绿泥石、云母、绢云母板岩、千枚岩、片岩、轻微硅化的灰岩、方解石、绿帘石、钙质胶结的砾岩、长石砂岩、石英砂岩、石英粗面岩、角闪石斑岩、透辉石岩、辉长岩、冻结的砾石层(可钻性:0.82m/h,一次提钻长度:1.30m/次)。

石英、角闪石、云母、赤铁矿化板岩、千枚岩、片岩。微硅化的板岩、千枚岩、片岩、长石石英砂岩、石英二长岩,微片岩化的钠长石斑岩、粗面岩、角闪石斑岩、砾石、碎石层,微风化的粗粒花岗岩、正长岩、斑岩、辉长岩及其他火成岩,硅质灰岩、燧石灰岩等(可钻性:0.57m/h,一次提钻长度:1.10m/次)。

八级、九级:硬岩

硬岩。代表性岩石为:硅化绢云母板岩、千枚岩、片岩、片麻岩、绿帘石岩,含石英的碳酸岩石,含石英重晶石岩石,含磁铁矿和赤铁矿的石英岩,钙质胶结的砾岩,玄武岩,辉绿岩,安山岩,辉石岩,石英安山斑岩,中粒结晶的钠长斑岩和角闪石斑岩,细粒硅质胶结的石英砂岩和长石砂岩,含大块燧石灰岩,轻微风化的花岗岩、花岗片麻岩、伟晶岩、闪长岩、辉长岩等(可钻性:0.38m/h,一次提钻长度:0.85m/次)。

高硅化的板岩、千枚岩、灰岩、砂岩;粗粒的花岗岩、花岗闪长岩、花岗片麻岩、正长岩、辉长岩、粗面岩;微风化的石英粗面岩、伟晶花岗岩、灰岩、硅化的凝灰岩、角页岩化凝灰岩、细粒石英岩、石英质磷灰岩、伟晶岩(可钻性:0.25m/h,一次提钻长度:0.65m/次)。

十级、十一级:坚硬岩

坚硬岩。代表性岩石为:细粒的花岗岩、花岗闪长岩、花岗片麻岩、流纹岩、微晶花岗岩、石英粗面岩、石英钠长斑岩、坚硬的石英伟晶岩、燧石岩(可钻性：0.15m/h，一次提钻长度：0.50m/次)。

刚玉岩、石英岩、碧玉岩、块状石英、最坚硬的铁质角页岩、碧玉质的硅化板岩、燧石岩(可钻性：0.09m/h，一次提钻长度：0.32m/次)。

十二级：最坚硬岩

最坚硬岩。代表性岩石为：未风化极致密的石英岩、碧玉岩、角页岩、纯钠辉石刚玉岩，石英，燧石，碧玉(可钻性：0.045m/h，一次提钻长度：0.16m/次)。

三、岩石可爆性分级

岩石可爆性(或称爆破性)表示岩石在炸药爆炸作用下发生破碎的难易程度，它是动载作用下岩石物理力学性质的综合体现。通常可将一个或几个指标作为岩石可爆性分级的判据。在爆破工程中，岩石可爆性分级可用于预估炸药消耗量和制定定额，并为爆破设计提供基本参数。迄今为止，国内外的岩石爆破性分级方法有普氏分级和苏氏分级。

1. 普氏分级

早在 1926 年前，普氏提出了用岩石试块的单轴静载极限抗压强度、手工凿 1cm³ 岩石所消耗的功、手打眼每班生产率、掘进工生产率、在地面挖掘的生产率、巷道掘进速度、爆破 1m³ 岩石的黑火药消耗量七项指标的平均值来表征岩石的坚固性。由于采矿科学技术的发展，普氏规定的几项指标已失去了实际意义，只有一个最简单的指标——以岩石试块的静载极限抗压强度 R(MPa)为岩石分级的判据，即普氏岩石坚固性系数 $f=R/10$。根据 $f=0.3\sim20$ 将岩石分为 10级，f 值大，则难钻岩、难爆破、岩石稳定；反之，f 值小，则易钻岩、易爆破、岩石不稳定。普氏认为：岩石的坚固性在各方面的表现趋于一致。实际上岩石的钻岩性、爆破性、稳定性并非完全一致，有的易钻难爆，有的难钻易爆，而且小块的岩石试样(如 7cm×7cm×7cm)的单轴静载抗压强度并不能表征整体岩石受炸药爆炸冲击作用的爆破性。再者，其测定值的离散性较大,一般为 15%～40%,个别达 80%,所以普氏分级方法以其简便的指标,虽曾在采矿工程中作为笼统的总的分级,得到普遍应用,但也正是由于上述缺点,它表征不了爆破工程实际所需的岩石爆破性分级。

2. 苏氏分级

苏氏分级是苏哈诺夫在 20 世纪 30 年代针对普氏分级而提出的岩分级。他认为:决定岩石坚固性的基础是在某一特定情况下,应当用实际被应用着的具体采掘方法。他用崩落 $1m^3$ 岩石所消耗的炸药量(kg/m^3)或单位炮眼长度(m/m^3)来表征岩石的爆破性,同时,规定了一系列的测试标准条件。根据单位炸药消耗量和单位炮眼长度将岩石分为 16 级。如果需要的炸药单耗量多、单位炮眼长,则岩石难爆;反之,则易爆。必须指出,炸药单耗是一个常量又是一个变数,影响因素很多,因而,苏氏又提出了一系列非标准条件下的修正系数,非常繁琐,也影响了岩石爆破性的真实性。再者,炸药单耗没有很好地反映爆破块度这一重要爆破效果。因此,苏氏分级方法并不能确切地表征岩石的爆破性。表 1-5 为普氏分级与苏氏分级的对比参考。

表 1-5　普氏分级与苏氏分级(爆破性)的对比参考

普氏分级			苏氏分级			代表性岩石
坚固性系数 f	等级	坚固程度	爆破性	等级	二号硝铵药单耗 q/(kg/m^3)	
20	I	最坚固	最难爆	1	8.3	致密微晶石英岩
				2	6.7	极致密无氢化物石英岩
				3	5.3	最致密石英岩和玄武岩
18	II	很坚固	很难	4	4.2	极致密安山岩和辉绿岩
15				5	3.8	石英斑岩
12				6	3.0	极致密硅质砂岩
10	III	坚固	难	7	2.4	致密花岗岩、坚固铁矿
8	III a			8	2.0	致密砂岩和石灰岩

普氏分级			苏氏分级			代表性岩石
坚固性系数 f	等级	坚固程度	爆破性	等级	二号硝铵药单耗 q/（kg/m³）	
6 5	Ⅳ Ⅳa	相当坚固	中上等	9 10	1.5 1.25	砂岩 砂质页岩
4 3	Ⅴ Ⅴa	中等	中等	11 12	1.0 0.8	不坚固的砂岩和石灰岩页岩、致密泥质岩
2 1.5	Ⅵ Ⅵa	相当软弱	中下等	13 14	0.6 0.5	软页岩 无烟煤
1.0 0.8	Ⅶ Ⅶa	软弱	易爆	15 16	0.4 0.3	致密黏土、软质煤岩 浮石、凝灰岩

3. 新提出的岩石爆破性分级

岩石爆破性是岩石本身物理力学性质和炸药爆破参数、爆破工艺的综合效应，它们之间既有其内在联系，又受外因的控制，有明显的因果关系，因而岩石爆破性不是岩石单一的固有属性，而是岩石在爆破过程中诸因素的综合反映，并影响着爆破数量和质量的具体效果。通过试验研究和实践证明，能量平衡准则是岩石爆破最普遍、最根本的准则，它表征了岩石爆破性的本质。爆破漏斗是一般爆破工程的根本形式。炸药爆炸释放的能量传递给岩石，岩石吸收能量导致岩石的变形和破坏。由于不同岩石破坏所消耗的能量不同，当炸药能量及其他条件一定时，爆破漏斗体积的大小和爆破块度的粒级组成，均直接反映能量的消耗状态和爆破效果，从而表征了岩石的爆破性。此外，必须指出，岩石的结构特征（如节理、裂隙）也是影响岩石爆破的重要因素之一，由于岩体结构影响着岩石爆破的难易，更影响着爆破块度的大小，所以，声测指标（如岩石弹性波速、岩石波阻抗、岩石结构裂隙细数等）也是岩石爆破性分级的重要判据之一。这些综合考虑了上述影响岩石爆破性的主要因素——包括岩石的结构(组分)、内聚力、裂隙性、岩石物理力学性质,特别是岩石的变形性质及其动力特性。

据此,岩石爆破性分级的判据是在爆破材料、参数、工艺等一定的条件下进行现场爆破漏斗试验和声波测定所获得,然后计算出岩石爆破性指数,综合评价岩石的爆破性,并进行岩石爆破性分级。

(1)测定方法。

1)爆破漏斗与块度的测定。在矿山现场选择典型的矿岩地段,用凿岩机垂直自由面打眼,钎头直径 45mm,眼深 1m,用 2 号岩石硝铵炸药,药量 450g,药卷直径 32mm,连续柱状装药,炮泥填塞,一支 8 号雷管起爆。爆破后量取爆破漏斗体积,清理岩块,进行块度分析。分别称量,计算容积,求出大块(大于 300mm)、小块(小于 50mm)、平均合格块度(300~200mm,200~100mm,100~50mm)的百分率,并且据此核算出爆破漏斗的总体积。

2)声测。用声波速度测定仪测定现场岩体的声波速度及岩块试样的声波速度,求得岩石裂隙性和岩体波阻抗(岩体密度与波速的乘积)。

(2)岩石爆破性指数

根据爆破漏斗体积、大块率、小块率、平均合格率和岩体波阻抗的大量数据,运用数理统计的多元回归分析,通过电子计算机运算,最终求得岩石爆破性指数。通过模量识别,结合现场调查,定出岩石爆破性分级见表1-6。

表 1-6   岩石爆破性分级表

级别		爆破性能指数 N	爆破性程度	代表性岩石
Ⅰ	Ⅰ₁	<29	极易爆	千枚岩、破碎性砂岩、泥质板岩、破碎性白云岩
	Ⅰ₂	29.001~38		
Ⅱ	Ⅱ₁	38.001~46	易爆	角砾岩、绿泥岩、米黄色白云岩
	Ⅱ₂	46.001~53		
Ⅲ	Ⅲ₁	53.001~60	中等	石英岩、白云岩煌斑岩、大理岩
	Ⅲ₂	60.001~68		

级别		爆破性能指数 N	爆破性程度	代表性岩石
IV	IV₁	68.001～74	难爆	磁铁石英岩、角闪岩长片麻岩
	IV₂	74.001～81		
V	V₁	81.001～86	极难爆	花岗岩、浅色砂岩矽卡岩
	V₂	>86		

第四节　地质条件对爆破的影响

一、结构面对爆破的影响

结构面的类型有三类:原生结构面、构造结构面和次生结构面,结构面对爆破影响的作用有五种。

1. 应力波的反射增强作用

由于软弱带的密度、弹性模量和纵波波速均比两侧岩石的值小,当波传至两者的界面处时,便发生反射,反射回去的波与随后继续传来的波相叠加,当其同相位时,应力波便会增强,使软弱带迎波一侧岩石的破坏加剧。对于张开的软弱面,这种作用亦较明显。

但是,究竟是哪一级软弱带或软弱面足以产生明显的反射增强作用,这主要与爆破规模有关,也就是取决于压缩应力波传播过程中引起的岩石压缩变形,足以使张开的软弱面紧密闭合,或者使软弱面的密度增大到和两侧岩石相差不大时,软弱面或软弱带对应力波的反射增强作用可忽略不计。因此,软弱带和软弱面对爆破效果的影响问题,必须视爆破规模区别对待,对于施工开挖小炮,不大的裂隙面即可影响其效果,对于大规模的群药包爆破,小的断层破碎带对其影响也不会很显著。

2. 能力吸收作用

由于界面的反射作用和软弱带介质的压缩变形与破裂,使软弱带背波侧应力波因能量被吸收而减弱。它与反射增强作用同时产生。因而,软弱带可保护其背波侧的岩石,使其破坏减轻。同样,空气充填的张开裂隙,也有能量吸收作用。

3. 泄能作用

当软弱带或软弱面穿过爆源通向临空面,且有爆源到临空面间软弱带或软弱面的长度小于爆破药包最小抵抗线 W 时,炸药的能量便可以"冲炮"或其他形式泄出,使爆破效果明显降低。

4. 锲入作用

在高温高压爆炸气体的膨胀作用下,爆炸气体沿岩体软弱带高速倾入时,将使岩体沿软弱带发生锲形块裂破坏。

5. 改变破裂线作用

当爆破漏斗范围存在较大的结构面(如断层面、层理面等)时,根据其结构面与药包的相对位置和产状不同,将会影响漏斗形状大小,减少或增加爆破方量,不能达到预定的抛掷方向和堆积集中程度。洞室爆破中常见如下几种情况对爆破漏斗的影响。

(1)结构面在药包后且截切上破裂线 R1 时(见图 1-1),爆破后上破裂线必沿结构面发展,使上破裂线比原设计缩小,减少了爆破方量,抛掷作用加强。

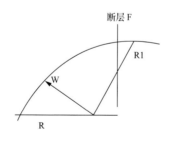

图 1-1　结构面在药包后

(2)当结构面在药包前,且截切上破裂线 R1 时,爆破后上部岩块将会沿结构面坍滑,是上破裂线后仰,爆破方量大,大块率高(见图 1-2)。

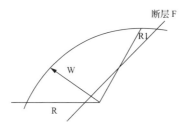

图 1-2　结构面在药包前

（3）当一组结构面与最小抵抗线斜交时，爆破漏斗形状和抛掷方向都将会受到影响。

（4）当一组结构面与最小抵抗线垂直或平行时，抛掷方向不会改变，但爆破漏斗形状和爆破方量将受影响。

岩体的强度受岩石强度和结构面强度的控制，在更多的情况下，主要受结构面强度的控制，所以岩块的破裂面大多数是沿岩体内部的结构面形成的。爆后岩块特征的统计表明，凡是沿结构面形成的爆块表面，均呈风化状态；凡是由岩石断裂形成的岩块表面，均呈新鲜状态。

二、地形对爆破的影响

良好的地形条件，不但是定向爆破筑坝成功的保证，而且可以大大节省费用和人力。利用地形是爆破工程中首要的原则，地形对定向爆破的影响最大。地形条件对爆破的影响主要包括地面坡度起伏、临空面的形状和数目、山体高低、冲沟分布等因素。

1. 坡度影响

地形在爆破工程中可以分为四大类，具体是：平坦地形、倾斜地形、凸形山包和凹形垭口。按照自然地面坡度角的大小，倾斜地形可以划分为缓斜地形、斜坡地形和陡坡地形。坡越陡，爆破方量越多，需要炸药量就越少。这种情况是因为平坦的地面上，药包向上爆破，爆力需克服岩石自身的重量，岩石破碎后向上抛掷，只有少部分被抛之漏斗范围以外，剩下的又落回漏斗里面，因而实际上抛掷量是比较小的。

2. 炮位临空面的数目影响

在地形条件中,炮位临空面数目是对爆破效果的影响较大的因素,这是因为,能量在爆破时能够充分发挥出巨大功效。

3. 具体地形影响

定向爆破最有利的地形是陡峭的凹岸。相反,如果坝址两岸相对平缓,就会因为需要用辅助药包造成人工的定向坑,势必增加炸药用量和缩减上坝方量。定向爆破的不良地形条件还包括两岸山头高度不够、山体单薄、上下游冲沟切割、平缓的岸坡、较宽的河谷等。

三、特殊地质条件对爆破的影响

地质条件是指岩石性质、岩层构造、断层、溶洞、水文条件等。良好的地质条件,不仅是爆破成功的必要条件,而且可以大大节省费用和人力。

1. 岩石性质

(1)岩石物理性质对爆破作用的影响。岩石的物理性质与爆破作用关系密切,主要包括:岩石的密度、弹性常数、弹性极限、强度极限等。一般来说:

1)对于弹性模量高、泊松比小的致密坚硬岩石,应当选择和使用爆速和密度都较高的炸药,确保相当数量的应力波可以传入岩石,产生初始裂纹。

2)对于中等坚固性岩石,选用爆速和密度居中的炸药。

3)对于节理裂隙发育的岩石、软岩和塑性变形大的岩石,爆炸应力波衰减快,作用范围小,应力波对破碎起次要作用,可选用爆速和密度较低的炸药。对这类岩石,若选用高阻抗的炸药,应力波大部分消耗在空腔的形成,是不经济的。

(2)岩石与单位耗药量的关系。选用单位耗药量的时候,应该考虑的因素包括岩石密度、硬度、脆性和韧性、层面及接触面情况、孔隙率和节理裂隙状况、风化程度等。单位耗药量较大的岩石的特性:结晶颗粒细、风化轻微、硬度大、韧性大、密度大。一般情况下,成层岩石的单位耗药量实际上比无层次的岩石小,这是由于岩石容易顺接触面或层面开裂。

2. 岩层

（1）岩层对抛掷方向的影响。岩层的形状对定向抛掷也有影响，岩层倾向河谷的时候定向较好，同时也会增加爆落的方量；层中有软弱夹层的时候，药包一般会从软弱层中冲出，或会改变设计的最小抵抗线方向。

（2）岩层对爆破震波和爆落石块粒径的影响。沉积岩存在层面，地震波在垂直岩层方向通过这些层面中填充的空气、杂质等的阻隔后，会逐步削减，使得顺岩层方向容易破坏。很多爆破实例可以证明，顺层方向的破坏范围较大。

3. 断层

爆破中充分利用断层能够用少量炸药爆落大量石方，同时利用断层能够削减爆破震波对基岩和水工建筑的影响。药包如果放在胶结疏松的断层或裂隙上，爆炸气体会沿裂隙逸出，爆破效果急剧降低。

当断层的不利影响难以避免时，可以采取以下举措：可以在上下方各布置一个药室，使两药包同时起爆，断层就能受到两侧平衡的作用力；或把药包放在断层的后面，同时使最小抵抗线与断层成 90°交角；或让上破裂线接近断层；或在断层上侧后方布置辅助药包，将断层打掉。

4. 裂隙

裂隙对爆破既有有利的影响也有不利的影响。有适量的裂隙在坚硬岩层中并不至于影响石块的强度和级配，有些时候反而可能降低单位耗药量。应尽量使裂隙面与最小抵抗线方向的夹角较大，最好是近于垂直，因为这样的裂隙有利于岩石面向外破裂，增加爆落石方量。

5. 溶洞

岩溶对定向抛掷方向、抛掷方量、安全技术等方面有影响。

如果药室附近有溶洞，就容易造成爆破时的聚能穴，降低爆破的效果，甚至会有一部分爆岩从洞中冲出，使得爆破漏斗中遗留需要爆除的基岩。如果药室顶部有溶洞，可能会使溶洞坍落。

避免溶洞的不良影响可采取以下措施：在有可能时，利用溶洞作为药室导洞；或用土石将溶洞堵塞，堵塞长度要大于最小抵抗线长度；或在溶洞走向于最小抵抗线方向一致时，在溶洞两边放置两个同时起爆的药包；或调整药包位置，使药包至溶洞的最短距离大于最小抵抗线的长度。

6. 地下水

水是不可压缩体，会增强爆炸应力波作用，害多益少。主要影响有：①使传递地震波的范围扩大；②能够直接影响药室的开挖、堵塞和装药；③给施工带来困难和麻烦；④爆破器材需防水；⑤扩大爆破破坏和地震增强作用。

在特殊地质条件下，尽可能地加大光爆抵抗线也可以有效地抑制飞石。在实际施工中，一般很难保证实际抵抗线满足设计要求，因此，要防止飞石就必须仔细检查抵抗线的变化，在薄弱地带应削减装药量或做其他处理。当光爆层坡面不平顺时，坡面内凹处一般抵抗线较小，形成光爆的薄弱带，留下飞石的隐患。当钻孔通过不良地质段时，如软硬岩石处、裂缝处、溶洞处等，最易造成偏帮溜眼，从而改变了钻孔角度和钻孔方向，造成抵抗线的变化。此种变化对抵抗线影响幅度很难确定。在钻孔中不仅要做到"对位准、方向正、角度精"，而且要不断提高钻孔技术水平，在钻孔过程中，经常检查钻机架设牢固性、钻孔角度和方向的准确性。同时要根据岩石不同情况，按"孔口要完整，孔壁要光滑，软岩慢打，硬岩快打"的操作要领进行钻孔工作，以保证钻孔精度。

第五节　爆破对工程地质条件的影响

一、爆破对保留岩体的破坏

岩石爆破开挖时，由于爆破应力波和爆破产生的气体的联合作用，在完成岩石爆破破碎的同时，必然对保留岩体产生动力损伤，导致表层岩体力学参数大幅下降，形成所谓的爆破松动区，严重时甚至可能引起边坡局部失稳和破坏，同时爆破松动区的形成会加剧岩体的后续卸荷松弛效应，给工程的安全和正常运行留下隐患。根据爆破作用基本原理,药包在有临空面的半无限介质中爆破,从药包中心向外分成压缩区、爆破漏斗区、破裂区和振动区。压缩区和爆破漏斗区是爆破后需要挖走的范围,而破裂区和振动区则是爆破对地质条件改变和影响的区域。破裂区的裂缝大部分是由反射拉伸波和应力波共同作用岩体中原有节理裂隙扩展而成,底部基岩中的裂隙有一部分是岩体破裂出现的新裂隙。通常情况下,爆区后缘边坡地表破坏范围比深层垂直破坏范围大,地表破坏和深层破坏有不同的特点。

1. 后缘地表的破坏

由于地表一般为风化破碎岩体,抗拉强度小,易形成裂缝,爆破对后缘地表的破坏是由后冲和反射拉伸波作用所形成的。裂缝常常沿着平行临空面的反向延展。地表裂隙呈距爆破区越近就越宽越密的规律分布,地表裂隙宽度和延展长度则与爆破规模、爆破夹制作用和该区地形地质条件有关。爆破规模越大、爆破夹制作用越强,则地表裂隙破坏程度就越强。

地表裂隙破坏范围较大,但其危害比较容易控制,近几年广为实施的预裂爆破可使其后缘地表裂隙可大大减轻甚至不出现后缘拉裂隙,而且爆后边坡平直整齐。

2. 深层基岩的破坏

爆破对深层基岩的破坏情况,视工程性质其要求有所不同。一般开山采石可以忽略对基岩的破坏;路垫开挖爆破仅需考虑药包周围压缩圈产生的破坏范围;一般情况下路堑开挖需给路基和边坡预留保护层,保护层厚度为压缩圈半径;而在水工坝基开挖中,即使爆破作用下产生的微小裂隙也被视为对基岩的破坏。经验表明:药包以下抵抗线,在坝基开挖中,一般上层采用深孔爆破,下层采用浅孔爆破,最底层采用人工凿除办法。

★严禁在设计建基面、设计边坡附近采用洞室爆破法或药壶爆破法施工。

——《水利工程建设标准强制性条文》
（2016年版）

根据《爆破安全规程》（GB 6722—2014,2017年版），爆破振动安全允许距离，可按下式计算：

$$R = \left(\frac{K}{v} \right)^{1/a} \cdot Q^{1/3} \qquad (1-1)$$

反推：

$$v = K \cdot \left(\frac{Q^{1/3}}{R} \right)^a \qquad (1-2)$$

式中：R——爆破振动安全允许距离,m;

Q——炸药量,齐发爆破为总药量,延时爆破为最大一段药量,kg;

v——保护对象所在地质点安全允许速度,cm/s;

K、a——与爆破点至计算保护对象间的地形、地质条件有关的系数和衰减指数,可按表1-7选取,或通过现场试验确定。

表 1-7　　　　　　　爆区不同岩性的 K

岩性	K	a
坚硬岩性	50～150	1.3～1.5
中硬岩性	150～250	1.5～1.8
软弱岩性	250～350	1.8～2.0

根据实测,爆破质点振动速度与土岩破坏特征的关系见表1-8。

编号	振动速度/(cm/s)	土岩破坏特征
1	0.8～2.2	不受影响
2	10	隧洞顶部有个别落石,低强度岩石破坏
3	11	产生松石及小块振落
4	13	原有裂隙张开或产生新的细裂缝
5	19	大石滚落
6	26	边坡有较小的张开裂隙
7	52	大块浮石翻倒
8	56	地表有小裂隙
9	76	花岗岩露头裂缝宽约 3cm
10	110	花岗岩露头裂缝宽约 3cm,地表有裂缝超过 10cm,表土断裂成块
11	160	岩石崩裂,地形有明显变化
12	234	巷道顶壁及混凝土支座严重破坏

二、爆破对边坡稳定性的影响

爆破对边坡稳定性有一定的影响,会对边坡岩体产生松动区,以及引起局部失稳和破坏。爆破震动效应及其连锁反应对边坡的稳定性具有很大影响,很可能诱发山坡体的崩塌、滑坡甚至泥石流等灾害,严重影响工程的安全性和经济性。爆破产生的边坡失稳分为两类:一类为爆破振动引起的自然高边坡失稳;另一类为爆破开挖后残留边坡遭受破坏,日后风化作用引起不断的塌方失稳。

1. 爆破对自然边坡的稳定性影响

爆破对自然边坡的稳定性影响一方面取决于爆破振动强度,另一方面取决于坡体自身的地质条件。根据统计资料,边坡角在 35°以上时较容易发生失稳破坏;此外根据工程地质条件易发生爆破振动边坡失稳。

(1) 爆区附近的坡体内已有贯通的滑动面或未发育的滑波。爆前坡体靠滑动面的抗剪强度维持稳定,爆破时强烈的振动作用,使滑动面抗剪强度下降或损失,引起大方量的滑塌或古滑坡复活,这类坡体失稳因滑方量大,一般造成的危害也大。

(2)破体内虽然没有贯通的滑动面,但破体内至少发育有一组倾向破体外的节理裂隙,岩石强度较低,在爆破振动作用下,该组裂隙面进一步扩展,致使节理裂隙部分甚至全部贯通,产生滑移变形,日后在降雨的影响下经常滑动,最后完全失稳。这类坡体失稳由于需要一定的变形时间,所以如有必要可以在爆后做适当处理,不至造成较大危害。

(3)尽管坡体内设有贯通的滑动面,也没有倾向坡外的节理组发育,也就是说似乎不可能形成危险的滑动面,然而岩体内垂直柱状节理十分发育,而且边坡高陡,这在岩浆岩类的安山岩、玄武岩地区多见。这类边坡受到强烈的爆破振动时,尤其在坡缘处振动波叠加反射使振动加强,当振动变形超过一定限度后,岩柱拉裂折断,整个岩体散裂导致边坡坍塌。这类边坡失稳产生塌方量一般也较大。

(4)坡体内节理、裂隙不很发育,岩体较完整,只是坡缘局部发育成冲沟或陡倾张开性裂隙,降岩体完全分割成摇摇欲坠的危石,在爆破振动的作用下,被分割的危石脱离母体翻滚而下,形成崩塌;或爆破时还没崩落,但稳定性进一步降低,日后在暴雨冲刷作用下仍可能发生崩塌。这种破坏视崩塌岩块的大小和数量不等,造成危害的程度也不同,一般来说因塌落方量比前三类少,造成危害性也相对较轻。

2. 爆破残留边坡的坍塌失稳

一般的爆破都会对保留边坡的内部岩体产生破坏,受破坏的程度与爆破参数的选择和岩体的自身地质条件有关。残留边坡改变了原有应力场,暴露的新鲜岩石在风化作用下强度逐渐变形,稳定性逐渐衰失。

三、爆破对水文地质条件的影响

爆破后产生的硫化气体及粉尘和爆破残留物对水文地质产生诸多不利的影响。水文地质条件会对爆破效果产生重要影响,反过来爆破对水文地质条件会产生破坏。根据爆破作用基本原理,爆破作用可产生完全破坏区(压缩区、爆破漏斗区)、强破坏区(破裂区)和轻破坏区(震动区)。完全破坏区内的岩块将在清理过程中全部挖走,而处于强破坏区和轻破坏区的围岩则产生了不少不同的张裂缝,这也将成为地下水流的良好通道。对于边坡、水利工程来说,这是不利因素,它既破坏了岩体的完整性,又增加了地下水的侵蚀作用,减小了结构面的抗剪强度,留下隐患,因此在爆破设计时必须充分重视,尽量减小这些区域的破坏范围。

爆破作用对水文地质的这种破坏并非有害无益。在地下水开采时,常用爆破使岩石裂缝扩大、增多,有利于提高地下水资源的开采量。同样,该方法也被应用于提高石油开采量。

第二章

爆破的一般知识

第一节　爆破的概念及分类

一、爆破的概念

爆破是利用炸药爆炸在有限空间和极短时间将能量作用于周围介质,使周围介质受到不同程度的破坏,以达到预定工程目标的作业。在水利工程中,就是利用炸药的这种性质为岩体开挖服务。

二、爆破的分类

工程爆破从大的空间领域可分为:地面(露天)爆破、地下(隧道、洞室)爆破和水下爆破。

工程爆破从具体操作方式又分为:集中药包法、延长药包法、平面药包法、形状药包法;药室法、药壶法、炮孔法、裸露法。

工程爆破从技术上主要分为:微差爆破、挤压爆破、光面爆破、预裂爆破、定向爆破,以及其他特殊条件下爆破。

本章重点介绍水利工程常用的光面爆破及预裂爆破。

第二节　爆　破　器　材

一、炸药

1. 炸药的类别见表 2-1

表 2-1　　　　　　　　　　　　炸药的分类

工业炸药类别		简称	代号
含水炸药	乳化炸药	乳化	RH
	乳化铵油炸药	重铵油	ZAY
	水胶炸药	水胶	SJ
铵油类炸药	多孔粒状铵油炸药	多孔粒	DKL
	粉状乳化炸药	粉乳	FR
	膨化硝铵炸药	膨化	PH
	乳化铵油炸药	重铵油	ZAY
	改性铵油炸药	改铵油	GAY
	黏性铵油炸药	黏粒	NL
	粉状铵油炸药	粉铵油	FAY
硝化甘油类炸药	胶质硝化甘油炸药	胶硝甘	JXG
	粉状硝化甘油炸药	粉硝甘	FXG

2. 水利水电工程常用炸药

(1) 2 号岩石乳化炸药。2 号岩石乳化炸药是以硝酸铵为主要成分,通过油相、水相溶化配制和二次乳化制备成油包水型乳胶基质,经过化学物理复合敏化制成的外观呈乳白色胶状炸药。其特点是不粘手、威力大、烟尘少、抗水性好。适用于有水、无水、露天及无可燃气或无矿尘爆炸危险的地下爆破工程。

(2) 岩石粉状乳化炸药。岩石粉状乳化炸药是 20 世纪 90 年代中期生产的一种新型工业炸药品种。该炸药克服了目前普遍使用的铵梯炸药及乳化炸药产品的缺陷却兼备二者的优点,具有爆轰性能优良、体积威力大、贮存期长、不易吸湿和结块、使用方便且生产不受气候变化的影响等特点。岩石粉状乳化炸药配方中不含有毒有害物质,所用原材料来源广泛,制造和使用过程无环境污染,符合国家产业政策及民爆行业科技发展规划要求。

(3) 2 号岩石水胶炸药。2 号岩石水胶炸药以硝酸钾铵为主要敏化剂,加入氧化剂、可燃剂、密度调节剂等材料,经溶解、混合后悬浮于有胶凝剂的水中,再经化学交联而制成的一种凝胶状的工业炸药。岩石水胶炸药适用于无沼气或矿尘爆炸危险的爆破工程。

(4)岩石膨化硝铵炸药。岩石膨化硝铵炸药是一种不含猛炸药和其他敏化剂的,由膨化硝酸铵、燃料油和木粉等组成的粉状混合炸药。具有组成简单、容易制造、性能稳定、威力较高、成本很低、不含梯恩梯等一系列优点。

(5)1号岩石粉状硝化甘油炸药。以硝化甘油为敏化剂的混合炸药。由硝化甘油、吸附材料、增塑剂及其他附加剂组成。硝化甘油含量为 $25\%\sim90\%$ 时形成胶质硝化甘油炸药,也称胶质代那迈特,含量 $10\%\sim25\%$ 时形成半胶质硝化甘油炸药,含量低于 10% 时形成粉状硝化甘油炸药,含量 90% 以上并以硝化棉胶化时形成爆胶。如以硝化甘油与硝化乙二醇的混合硝酸酯代替硝化甘油,则可制得在低温下不易冻结的难冻硝化甘油炸药。爆炸能量较高,传爆性能较好,使用欠安全。主要用于硬岩小直径深孔爆破和水下爆破,但由于它的缺点,20 世纪 50 年代后逐渐被铵油炸药、浆状炸药及乳化炸药所取代。

(6)2号岩石铵梯炸药。化学性质较安定;易吸湿,失水后又易结块而降低爆炸性能,甚至拒爆,但结块碾碎仍可使用;对冲击、摩擦与火花的感度不高,而施以强机械能时亦可引爆;抗水能力差,含水率一般在 0.3% 以下,若超过 0.5% 就必须经烘干后碾碎使用。若在其中添加少量石蜡及沥青后,可制成抗水性炸药。

二、起爆器材

导火索。是一种传递火焰的索状点火器材,常用于引爆火雷管与黑火药,中国制造的导火索,外径不大于 6.2mm,一般导燃时间为 $100\sim125s/m$。

导爆索。是一种传递爆轰波的索状器材,药芯用泰安或黑索金(三次甲基三硝胺)制成,结构与导火索基本相同,可直接起爆炸药,但自身需用雷管起爆。有标准高能、低能和煤矿安全导爆索等品种。我国于 20 世纪 50 年代开始生产导爆索,药芯用黑索金,药量为 $12\sim14\text{g/m}$,爆速不低于 6500m/s。目前也生产高能、低能和安全型导爆索。导爆索起爆的主要优点是网路连接简便,使用安全,不受杂散电流、静电和射频电的影响,与继爆管配合使用,可实现非电毫秒爆破,但成本高,起爆网路不能用仪表检查。

雷管。最主要的起爆器材。分火雷管、非电毫秒和秒延期雷管、瞬发、秒延期和毫秒延期电雷管,此外,尚有抗杂散电流、抗静电、防瓦斯电雷管等。

电雷管。装药部分与火雷管相同,用电引火头代替导火索引爆雷管。电引火头由绝缘脚线、桥丝(电阻丝)和引燃剂构成。秒延期电雷管是在引火头与起爆药之间插入一段精制的导火索,引火头点燃导火索,由导火索长短控制延期时间。毫秒延期电雷管利用延期药的药量和配方控制毫秒延期时间。非电秒延期雷管和非电毫秒延期雷管都无电引火头,与导爆管配套使用。毫秒延期雷管是实现微差爆破的重要器材。

继爆管。是与导爆索配套使用的非电毫秒延期起爆器材。由非电毫秒延期火雷管、消爆管和导爆索组成。分单向和双向两种。

导爆管。是在外径 3.0mm、内径 1.4mm 的塑料软管内壁涂以薄层的混合炸药。它与起爆元件、连接元件和非电延期雷管组成新型非电起爆系统,可用起爆枪、雷管、导爆索等作为起爆元件,激发导爆管内薄层炸药以 $1700\sim2000\text{m/s}$ 的速度在管内传播。通过连接元件,向各分支导爆管继续传爆,并按一定顺序引爆非电延期雷管。本方法使用安全,网路简易、操作方便、成本低。

知识链接

★爆破材料使用应符合下列规定:

1.导火线外表有折伤、扭破、粗细不均,燃烧速度超过标准速度5s/m,耐水时间低于2h及受潮、变质,不应使用。

2. 电雷管脚线断损、绝缘、接触不良、康铜丝电桥大于0.3Ω、镍铬丝电桥大于0.8Ω及受潮、变质，不应使用。

3. 炸药受潮变质、低温冻结变硬、高温分解渗油不应使用。

4. 1号、2号硝铵炸药适用于一般岩石，严禁在有瓦斯、煤尘及有可燃和爆炸性气体的环境中使用。

——《水利工程建设标准强制性条文》
（2016年版）

第三节　岩石爆破理论

一、岩石爆破破坏基本理论

这种理论是从静力学的观点出发，认为岩石的破碎主要是由爆炸气体产物的膨胀压力引起。

（1）炸药爆炸时，产生高压膨胀气体，在周围介质中形成压应力场。炸药爆炸生成大量气体产物，在爆热的作用下，处于高温高压的状态而急剧膨胀，这些膨胀气体以极高的压力作用于周围介质而形成压应力场。

（2）气体膨胀推力使质点产生径向位移，而产生径向压应力，其衍生拉应力，产生径向裂隙。很高的压应力场，势必使周围岩石质点发生径向移动，这种位移又产生径向压应力，形成径向压应力的传递；质点在受径向压应力时，将产生径向压缩变形，而在切向伴随有拉伸变形产生，这个拉伸应变就是径向压应力所衍生的切向拉应力所产生。当岩石的抗拉强度低于此切向拉应力时，就将产生径向裂隙；岩石的抗拉强度远远小于抗压强度（常为其 1/15～1/10），所以拉伸破坏极易发生，而形成径向裂隙。

（3）质点移动所受阻力不等，引起剪切应力，而导致径向剪切破坏。质点位移受到周围介质的阻碍，阻力不平衡在介质中就会引起剪切应力，若药包附近有自由面时，质点位移的阻力在最小抵抗线方向最小,其质点位移速度最高,偏离最小抵抗线方向阻力增大,质点位移速度降低,这样在阻力不等的不同方向上,不等的质点位移速度,必然产生质点间的相对运动而产生剪切应力。在剪切应力超过岩石抗剪强度的地方,将发生径向剪切破坏。

(4)当介质破裂,爆炸气体尚有较高的压力时,则推动破裂块体沿径向朝外运动,形成飞散。

上述破坏发生将消耗大量的爆炸能,如果爆炸气体还有足够大的压力,则将推动破碎岩块做径向外抛运动,若压力不够就可能仅是松动爆破破坏,而没有抛散,甚至只是内部爆破。

二、单个药包爆破作用

1. 内部作用

爆破作用只发生在岩体的内部,未能达到自由面,这种作用称为爆破的内部作用;或者说,爆破后地表不会出现明显破坏,亦称为装药在无限介质中的爆破作用。此时,岩石的破坏特征随距药包中心距离的变化而明显不同,在耦合装药条件下可分为三个不同特征区域:①粉碎区(压缩区);②裂隙区(破裂区);③震动区。

(1)粉碎区。炸药爆炸产生的强冲击波和高压气体对药包周围的岩石产生强烈的作用,其强度远远超过了岩石的动抗压强度,使与药包接触岩石产生压缩破坏,并将岩石压得粉碎,直至作用强度小于岩石的动抗压强度为止,故此区域称为粉碎区。同时强烈压缩形成岩移、压缩成空洞,即形成比原装药空间大的一个空腔。在靠药包几毫米至几十毫米内的岩石甚至可能被熔化,而呈塑性流态。故此区域又称为压缩区,如图2-1所示。压缩区厚度不大,一般不超过药包半径的两倍。此区以抗压强度定界。其半径 R_c 可用下式进行估算。

$$R_c = \left(0.2\rho_s \frac{C_P^2}{\sigma_c}\right)^{1/2} R_b \qquad (2-1)$$

式中:R_c——粉碎区半径,m;

R_b——爆破后形成的空腔半径，m；

σ_c——岩石的单轴抗压强度，Pa；

ρ_s——岩石密度，kg/m；

C_p——岩石纵波速度，m/s。

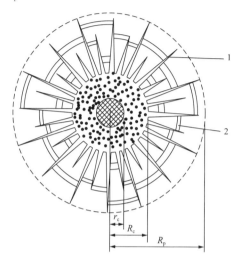

图 2-1　压缩区示意图

爆破后形成的空腔半径 R_b 由下式计算：

$$R_b = \sqrt[4]{P_m/\sigma_0 \, r_b} \qquad (2\text{-}2)$$

式中：R_b——爆破后形成的空腔半径，mm；

r_b——炮孔半径，mm；

P_m——炸药的平均爆压，Pa。

虽然粉碎区的范围不大，但由于岩石遭到强烈粉碎，能量消耗却很大，又使岩石过度粉碎加大矿石损失，因此爆破岩石时应尽量避免形成压碎区。

（2）裂隙区。岩石在受冲击波压缩作用后，压力迅速衰减，冲击波衰减为压缩应力波，虽然不足再将岩石压碎，却可使粉碎区外层岩石受到强烈径向压缩而产生径向位移。由此而衍生的切向拉伸应力，使岩石产生径向破坏形成径向裂隙，随着压缩应力波的进一步扩展和径向裂隙的产生，动压力急剧下降。这样,压缩应力波所到之处岩石先受到径向压缩作用,虽然没将岩石压碎,却在岩石中储存了相当的压缩变形能或称弹性变形能;而冲击波通过,应力解除后,岩石能量快速释放,岩石变形回弹,形成卸载波,即产生径向卸载拉伸应力,使岩石形成环状裂隙,见图2-2。

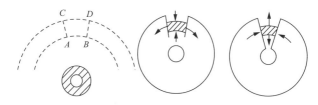

图2-2　岩石环状裂隙示意图

爆炸气体对岩石也有同样的破坏作用,但其气楔作用更能使爆生气体像尖劈一样渗入裂隙,将压缩应力波形成的初始裂隙进一步扩大、延伸。因此,在压缩应力波和爆炸气体的共同作用下,压缩区外围岩石径向裂隙和环状裂隙的交错生成、割裂成块,故亦称破裂区。此区以抗拉强度定界,其计算方法有两种:

1) 按应力波作用计算。径向裂隙是由切向拉应力引起的,当岩石中的切向拉应力大于岩石的抗拉强度时,产生径向裂隙,其半径 R_p 可用下式估算:

$$R_\mathrm{p} = \left(\psi \frac{P_2}{\sigma_\mathrm{t}} \right)^{\frac{1}{\alpha}} r_\mathrm{b} \qquad (2\text{-}3)$$

式中: R_p——破裂区半径,m;

　　　ψ——侧应力系数,只依赖于泊松比的系数,

　　　　　$\psi = \mu(1-\mu)$, μ泊松比;

　　　P_2——炮孔壁初始压力峰值,Pa;

　　　σ_t——岩石的抗拉强度,Pa;

　　　α——应力波衰减指数;

　　　r_b——炮孔半径,mm。

2) 按爆生气体准静压作用计算。封闭在炮孔内的爆生气体以准静压的形式作用于炮孔壁,其应力状态类似于均匀

内压的厚壁筒。根据弹性力学的厚壁圆筒理论及岩石中的抗拉强度准则。一般来说，岩体内最初形成的裂隙是由应力波造成的，随后爆生气体渗入裂隙起气楔作用，并在静压作用下，使应力波形成的裂隙进一步扩大。

（3）震动区。爆炸能量经压缩区和裂隙区的消耗和衰减已余不多，在继续传播中已不能造成岩石的破坏，而只能引起岩体的弹性震动。在这个区域内能量以地震波的形式传播，传播距离很远，直至其能量完全被岩石所吸收。

2. 外部作用

外部作用是爆破后地表有明显破坏，亦称为爆破在有限介质中的作用。爆炸作用通达地表，自由面的存在使其爆破作用过程分为了两个阶段：

（1）应力波朝离开装药的各个方向传播，这时自由面还未起作用，其岩石破坏规律与爆破内部作用相同，即形成三个作用圈（压碎、裂隙、震动）。

（2）应力波到达自由面，压缩波反射成拉伸波，并与入射波叠加在岩体中形成复杂应力状态。压缩应力波传播到自由面，一部分或全部反射回来成为同传播方向正好相反的拉伸应力波，当拉伸应力波的峰值压力大于岩石的抗拉强度时，可使脆性岩石拉裂造成表面岩石与岩体分离，形成片落（软岩则隆起），这种效应叫霍普金森（Hopkinson）效应。片落的过程如图 2-3 所示。

3. 延长装药爆破作用

延长药包爆破破岩方式，是在极短的时间内完成的高温高压过程，对周围介质产生强烈的冲击载荷作用，符合固体在冲击载荷作用下的表现形态。在爆破载荷作用下，将岩石介质中击起应力波，并对岩石产生破碎作用，是岩石产生破碎的主要因素之一。

当条形药包垂直在界于临界埋深和极限埋深时，爆炸在岩石中产生内部作用，即在装药周围形成压碎区、裂隙区和震动区，在自由面方向上将形成爆破漏斗。球形装药形成的漏洞顶点在靠近装药中心以下，漏斗深度就是装药埋深，而

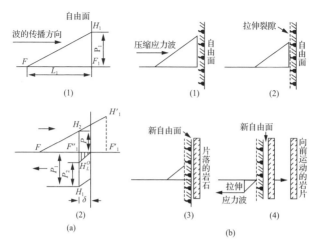

图 2-3　片落过程图

垂直自由面的条状装药形成的爆破漏斗其顶点不一定在装药中心,其位置与岩石性质、装药性质,特别是起爆方式、装药直径和炮孔装药高度有关,在延长药包的爆破机理下:

(1) 上端部因存在自由面通常具有极强的抛掷作用,而接近孔底的端部由于抵抗较大,可能只产生松动作用,也有可能因抵抗超过临界抵抗而只能形成内部作用。

(2) 岩石的夹制作用强度随炮孔深度增加而加大。装药直径不变,装药的爆破漏斗半径强度则不随炮孔深度增加而改变。

(3) 随着药包长径比的增加,集中药包变为延长药包,所形成的爆破破碎漏洞几何形状也由于岩石夹制作用,随之逐渐由圆锥形向圆台形过渡。

三、单排成组药包齐发爆破

多个药包齐发爆破时:①最初应力波以同心球状向外传播;②各应力波相遇,产生相互叠加,出现复杂应力状况;③应力重新分布,在炮眼连心线上应力得到加强,而连心线中部两侧附近出现应力降低区。

根据应力波破坏理论,当两个药包的爆炸应力波波阵面相遇时,将发生应力叠加。沿炮眼连心线上的两压应力 $\sigma_{压}$ 方向相反,所产生的力学效应完全一致,而形成相互叠加的力,尤其波阵面切线方向上的衍生拉应力 $\sigma_{拉}$ 合成为 $\sigma_{合}$,而增强了炮眼连心线上的拉应力作用,即应力得到了加强,如图 2-4 所示。

炸药爆炸,爆生气体在孔内形成的准静态压力作用时间较长,并产生切向伴生拉应力,由于炮孔连线方向受阻最小、应力集中最大,产生的切向伴生拉应力在炮孔壁炮孔连线方向上最大,因此裂隙将由孔口开始向炮孔连线发展,若炮眼相距较近,合应力较大,超过岩石的抗拉强度,则沿炮眼连心线将产生径向裂隙,使两炮孔沿中心连线断裂。

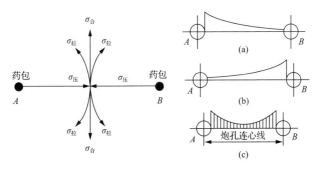

图 2-4 爆炸应力加强区示意图

应力降低区的形成:应力降低区发生在两药包的辐射状应力波作用线互成直角的相交处,此处应力波叠加发生压缩和拉伸应力的相互抵消,而产生应力降低,见图 2-5。1 号药包对单元体 A,沿径向作用压应力,切线方向出现衍生拉应力;2 号药包同样如此。因此 1 号、2 号药包同时起爆,使得岩石单元体 A 所受到的由 1 号药包爆轰引起的压(拉)应力,正好与 2 号药包所引起的拉(压)应力相抵消或削弱,应力相互的减叠加,使总应力变小,而形成应力降低区。

可见,适当减小最小抵抗线或增大孔距,使应力降低区处在破碎岩石之外的空中,有利于减少大块的产生。此外,

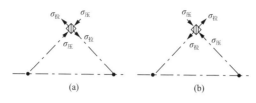

图 2-5　爆炸应力降低区示意图

相邻两排炮眼的 V 形布置,起到应力补充作用,比矩形布置有利于减少大块产生。那么最小抵抗线与孔距应如何配置,通常取决于装药密集(临近)系数,也称炮孔密集(临近)系数 m,其定义为:炮孔间距 a 与最小抵抗线 W 的比值。

根据工程实践,得出以下结论:

(1) 当 $m \geqslant 2$ 时,即 $a \geqslant 2W$ 时,两装药各自形成单独的爆破漏斗;

(2) 当 $2 > m > 1$ 时,两装药形成一个爆破漏斗,但往往两装药之间底部破碎不充分;

(3) 当 $m = 0.8 \sim 1$ 时,两装药形成一个爆破漏斗,且漏斗底部平坦,漏斗体积最大;

(4) 当 $m < 0.8$ 时,两装药距离较近,大部分能量用于抛掷岩石,漏斗体积反而减小。

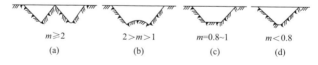

图 2-6　炮孔密集系数与爆破漏斗关系图

四、能量平衡原理与装药量计算

爆破破碎岩石需用炸药。炸药太少,不足以将岩石破碎;太多,又造成浪费和增大危险。因此,药量计算成为爆破技术中极为重要的问题。目前,这个问题的解决不是很好,至今仍主要是从实践得到大致范围,再用理论推导来解释、提炼上升为数学公式,再返回实践去检验和完善,因此得到的多是经验公式和一些试验回归方程,即仍主要处在摸索的阶段。

我们从最早的思维来看药量计算的设计思想:要将一定体积的岩石从岩体上爆破下来,并达到所要求的破碎度。因此,首先应将岩块从岩体中分离出来,其次将其破碎到要求的破碎度,所以,爆破能需要往分离和破碎这两个方向分配。根据这个思路我们以岩石爆破的基本单元爆破漏斗的形成为例,推导药量计算公式:

设:所需总药量为 Q,应为两个分量之和:$Q=Q_1+Q_2$。

将漏斗块体从岩体中分离出来形成爆破漏斗,显然所需药量同漏斗的表面积成正比:

$$Q_1 = C'_1 \cdot \pi \cdot r \sqrt{r^2 + W^2} \tag{2-4}$$

将漏斗块体破碎,所需药量与块体体积成正比:

$$Q_2 = C'_2 \cdot \frac{1}{3}\pi \cdot r^2 W \tag{2-5}$$

式中:C'_1、C'_2——单位破坏能系数。

为了简化问题,当爆破作用指数 $n=1$ 时,$r=w$,则:

$$Q_1 = C'_1 \cdot \pi \cdot W\sqrt{2} \cdot w = C_1 W^2 \tag{2-6}$$

可见:Q_1 与表征漏斗表面积的 W_2 成正比;Q_2 与表征漏斗体积的 W_3 成正比(W_3——近似等于 $n=1$ 时的爆破漏斗体积)。

故:

$$Q = C_1 W_2 + C_2 W_3 = \text{表面分量} + \text{体积分量} \tag{2-7}$$

实际上,爆破还常常要将岩石抛移一定距离。在其他条件不变得情况下,抛移距离和埋置深度,即跟 W 有关。可见炸药的抛移分量是 W 的函数,按上式指数递增。

即:

$$Q = C_1 W_2 + C_2 W_3 + C_3 W_4 = \text{表面(分离)分量} +$$
$$\text{体积(破碎)分量} + \text{抛移分量} \tag{2-8}$$

在一般岩土工程爆破中,岩块破碎所消耗的爆破能远大于岩块分离和抛移所消耗能量,即岩体爆破破坏能耗以破碎分量为主,即近似地认为爆破药量同爆破的岩石体积成正比:$Q \approx C_2 W_3$,得到爆破药量计算的"体积公式"。

事实上，将 C_2 的考虑大一点，即包含分离、抛移分量常数在里面，则可以认为在一定的炸药和岩石条件下，爆落的土石方体积同所用的装量药成正比，即：

$$Q_{标} = KW^3 \tag{2-9}$$

式中：$Q_{标}$——实现标准 $n=1$ 时的装药量；

      K——$n=1$ 时的单位岩体用药量；

      W——最小抵抗线。

n 的增大或减小，在其他条件不变的情况下，受药量的支配；或作用指数的改变对应着药量的改变，所以对应其他情况下爆破的药量计算，按下列公式进行：

$$Q = f(n)KW \tag{2-10}$$

式中：$f(n)$——爆破作用指数函数。

显然：$f(n)>1$，加强抛掷；$f(n)<1$，减弱抛掷；$f(n)=1$，标准抛掷。

具体确定 $f(n)$ 的方法很多，其中较常用：

$$f(n) = 0.4+0.6n^3 \rightarrow Q = (0.4+0.6n^3)KW^3$$

$$\tag{2-11}$$

此式可作为抛掷爆破药量计算的通式，尤其用于加强抛掷爆破药量计算，更为接近实际。

对于松动爆破，经验公式更为适用：

$$Q_{松} = (0.33-0.55)KW^3 \tag{2-12}$$

上述是以爆破漏斗为例进行的分析，对其他爆破情况也有类似的关系：

（1）对一定岩石，破碎每立方米所需平均装药量是一个定值，称单位炸药消耗量 q。

（2）爆破用药量与破碎岩石的体积所成正比：

$$Q = q \cdot V \tag{2-13}$$

这是目前应用最多最基本的药量计算公式，尤其在矿山是以岩体破碎为主，主要使用该公式。在其他工程爆破中，这也是药量计算的基本指导公式。

对特定岩石进行爆破时，爆破每单位体积的岩石和所需要的炸药量是一个定值，这个定值称为单位岩石炸药消耗

量,通常用 q 来表示。其确定主要有以下几个途径:

1) 查表。可从各种经验数据表格中查出。但此时多以 2 号岩石炸药为标准或参照,若使用其他炸药,则应乘以炸药换算系数 e。

2) 工程类比法。参照条件相近工程的单位用药量系数确定 q 值。

3) 试验法。做爆破漏斗试验确定。选择与爆区地质条件相近的平坦地形,一般取最小抵抗线 $W=1\sim3m$,集中药包进行实际爆破。爆后根据最小抵抗线 W、装药量 Q 以及爆后实测的爆破漏斗底圆半径 r,计算 n 值并计算 q 值。试验应进行 3 次以上,并根据各次的试验结果选取接近标准抛掷爆破漏斗的装药量。试验是繁复的,但对于一些重大的工程是必不可少的。目前,工程上常以 2 号岩石炸药作为标准炸药,规定 2 号岩石炸药的 $e=1$,并以其做功能力 320ml 或猛度 12mm 作为标准,其他炸药品种根据以下两式: $eb=320/$ 爆力所换算炸药的做功能力值; $em=12/$ 猛度所换算炸药的猛度值,确定 e 值。

五、影响爆破作用的主要因素

1. 炸药性能的影响

影响爆破作用的主要炸药性能参数:炸药密度 ρ、爆速 D、炸药波阻抗 ρ_c、爆轰压力 PH、爆炸压力 ρ、爆炸气体体积 V,以及爆炸能量利用率 η 等。

(1) 爆轰压力 PH 的影响。我们知道, PH 变大冲击波压力值的变大,以应力波形式传播的爆轰能量变大;在岩石中应力变大,破坏应变剧烈,就越有利于改善破碎效果。这对高波阻抗岩石尤为明显,但太高会造过粉碎,浪费爆炸能,而恶化破碎效果;尤其对低波阻抗岩石 PH 太高,无益于对岩石的破碎。

(2) 爆炸压力 P 的影响。 P 的作用时间远远地大于 PH 的作用时间,这使在应力波作用下所形成的裂隙能较长时间地受爆生气体的尖楔作用而得到扩展和延伸,对于低波阻抗岩石这形式的破坏甚至居于主要地位。

（3）炸药爆炸能量利用率 η 的影响。炸药为爆破破碎岩石提高能源，显然提高炸药能量利用率，能更有效地破碎岩石，改善爆破效果。为此，首先应清楚爆破过程中炸药爆炸能量的分配情况。

若不考虑炸药的热化学损失，其能量主要分配在以下方面：

1）形成压缩区。即在药包周围附近区域岩石产生强烈的压缩变形和粉碎破坏。

2）分离、破碎岩体。克服岩石内聚力与摩接力，将岩石的岩体中分离出来，破碎成碎块。

3）推移，抛掷破碎岩块。

4）产生地震效应、空气冲击波及响声效应等。

对于一般工程爆破或矿山爆破而言，第2）项是我们的目的，而其他能耗都是在做无用功，因此提高 η 就是要增大用于破碎岩体的能耗2）的比率，而降低其他项1）、3）、4）的比率。

2. 自由面对爆破作用的影响

岩石与空气的交界面就是自由面，也是最典型的自由面，除此之外，岩石与液体的交界面，岩石与松散介质的交界面，以及两种不同性质岩石的交界面等等都可以视为自由面。自由面是产生应力波反射拉伸的条件，反射拉伸波有利于岩石的破碎；同时，自由面是岩石破坏阻力减小面，岩石爆破更易在自由面方向发生破裂、破碎和移动；此外，自由面在存在改变了岩石应力状态及强度极限。在无限介质中，岩石处于三向应力状态，而自由面附近的岩石则处于单向或双向应力状态。故自由面附近的岩石强度，比远离自由面岩石的强度减少几倍甚至十几倍。因此，在一定程度范围自由面越大、越多，岩石的夹制作用越小，爆破效果就越好。一般装药量计算公式是以单自由面来考虑的，因此现场装药量计算还应考虑自由面数量的影响。

炸药消耗量与自由面数目的关系见表2-2。

表 2-2　　　　　　　　　炸药消耗量与自由面数目的关系

自由面数目	1	2	3	4	5	6
相对单位药耗量	1	4/5	3/5	1/2	2/5	1/4

3. 炸药与岩石匹配关系对爆破作用的影响

（1）波阻抗匹配。炸药的波阻抗值越接近岩石的波阻抗值，爆炸能的传播效率越高，在岩石中引起的应变值或破坏效应也越大。因此，为了改善爆破效果，必须根据岩石的波阻抗来选用炸药品种，使它们各自的波阻抗能够很好地相互匹配。

（2）空气间隙装药。就是在装药中，在炸药与孔壁间预留有空气间隙。常用的有两种结构：

1）炮孔轴向留空气间隙。这种装药结构简单，炮孔长度上药量分布相对均匀，爆破块度减小和均匀，炸药单耗减小，多用于深孔。

2）沿药包周边留环状间隙。这种装药比较均匀地降低炮孔壁上所受的峰值压力，有助于保护孔壁不受径向裂隙的破坏，这种结构多用于预裂爆破、光面爆破等控制爆破中。

空气间隙装药特点如下：

1）孔壁冲击应力峰值降低。孔内留有环状间隙称为不偶合装药，炸药爆炸能直接作用在空气上，再由空气传播给岩石，使作用在孔壁上的冲击波应力峰值严重衰减，也即孔壁所受冲击压力大幅降低，从而减少了药包周围附近区域岩石的塑性变形和过于粉碎。

2）爆破作用时间延长。一方面冲击波峰值压力的降低，使其能量转化为应力波能量，延长了应力波作用时间；另一方面爆炸压力峰值的衰减又转化为贮存在空气间隙中的能量，使空气间隙起着一种弹簧的作用，爆轰结束后，受压空气将大量贮存能量释放出来，增强破岩能力和延长了做功时间，即增强了破坏区的作用能力。当两段装药间有空气柱时，装药爆炸首先在空气柱内激起相向空气冲击波，并在空气柱中心发生碰撞，使压力增高，同时产生反射冲击波向相反方向传播,其后又发生反射和碰撞,炮孔内空气冲击波往返传播,发生多次碰换,增加了冲击压力和激起应力波的作用时间。

3) 爆炸能在空间分布更为合理。空气间隙装药改善了空间的药量分布,使药量在空间分布相对更为均匀合理,从而提高了爆炸能的有效利用率。

（3）药包的几何形状。药包的几何形状用药包长度 L 和药包直径 d 的比值表示,药包长度大于直径 $4\sim 6$ 倍($L/d=4\sim 6$)属于长条药包、柱状药包或直列装药,否则属于集中药包、集团装药,甚至可视为球状药包。球状药包的爆轰波作用方向和爆轰气体产物作用方向一致,都是从爆轰中心向四周传播的,这有利于改善岩石的爆破效果,降低单位炸药耗量。

（4）不偶合装药。用不偶合系数来表征,所谓不偶系数,是指炮孔直径与药包直径的比值,它反映了药包在炮孔中与炮孔壁的接触情况,其值≥1,最小值=1,表示炮孔直径与药包直径相等,药包完全填满整个炮孔断面,这时药包的爆轰可以直接作用在岩石上,而不经过药包和孔壁间通常存在的空气间隙。这样就使能量传播时的无效损耗得以避免;相反,不偶合系数增大,药包直径＜炮孔直径,药包爆炸应力波从空气再到岩石将发生衰减,爆炸压力也将随不偶合系数的增大而降低,直接的破岩能力降低。

六、爆破方法对爆破作用的影响

（1）堵塞影响。裸露药包爆破时,爆轰气体迅速扩散,此时岩石的破碎主要是爆轰波作用破碎了紧贴炸药的那部分岩石,因此要利用爆轰气体的破坏作用,需要有良好的堵塞,堵塞材料一般采用炮泥,其作用是:

1) 阻止爆炸气体过早地从炮孔内排出,使更多的热能转化为机械能,以提高炸药的有效破碎能;

2) 保证炸药充分反应,使之放出最大热量和减少有害气体的生成量;

3) 阻止炽热颗粒从孔内飞出,降低爆炸气体的温度和空气冲击波的能量，这对煤矿防止煤尘和瓦斯爆破极为重要。总之，良好的堵塞，能提高爆破作用，改善爆破效果。一般说来，填塞长度 l' 应随最小抵抗线 W 和炮孔直径 d 的增大而增大。填塞的卸载时间应大于爆炸气体在整个装药全长上的作用时间。一般堵塞长度为最小抵抗线长度的 0.8～1.2 倍。

（2）起爆顺序的影响。成组药包爆破时，每个药包的最小抵抗线 W 都是计算或预估的，设计药包药量应与之相适应。起爆顺序设计要考虑：先起爆的药包，为后续起爆的创造新的自由面；否则先后顺序一旦搞错，或有事故发生，应爆未爆，就会使后续爆破的实际最小抵抗线 W 变大，而导致爆破效果恶化，产生严重的大块、"后冲"，甚至"冲天炮"之类的事故。

（3）起爆药包位置的影响。起爆药包放在什么位置，决定药包爆轰波传播方向和应力波以及岩石破裂发展的方向。通常根据起爆药包放在孔口和孔底分为正向起爆和反向起爆。

1）正向起爆：将起爆药包放在孔口第 1 或第 2 个药卷处，雷管聚能穴朝向孔底。这种起爆方式装药方便，施工安全，节省导线。

2）反向起爆：起爆药包放置在孔底，雷管聚能穴朝向孔口。这种方法的特点：①爆轰波传播方向与岩石朝向自由面运动的方向一致，因而有利于反射拉伸波破碎岩石；②起爆药包在孔底，距自由面较远，爆炸气体不会立即从孔口冲出，进而延长了作用时间，有利于提高爆破效果。

第四节　炮眼爆破法

炮眼爆破法又称浅眼爆破，是直径小于 50mm、深度小于 5m 的爆破作业。它是工程爆破中的主要方法之一，应用范围广泛。

（1）按作业环境的复杂程度炮眼爆破法可分为：

1）一般性浅眼爆破：环境不复杂，在炸药用量适当的情况下，不需要加盖防护措施的简单浅孔爆破。

2）城镇浅眼爆破：采取控制有害效应的措施，在人口稠密区用浅孔爆破方法开挖和二次破碎大块的作业。

3）非城镇保护性浅眼爆破：并非在人口稠密和城镇地区，但是离爆破体旁边距离很近的地方有需要被保护的建（构）筑物和设施，需要对爆破有害效应进行控制的浅孔爆破作业。

（2）按开挖方式炮眼爆破法可分为：

1）台阶式浅眼爆破。主要用在露天采矿、剥离、场平、路基、基坑、沟槽等开挖。台阶式浅眼爆破的特点是有两个自由面，炸药单耗低，爆破效果好。

2）掘槽式浅眼爆破。主要用于井巷、隧道、沟渠、管涵、基坑以及人工孔桩开挖的爆破作业。其目的是在仅有一个自由面的前提下，爆破创造新的自由面。其特点是局部炸药单耗高。

3）岩块的浅眼爆破。主要用于大块的二次破碎和零星孤石破碎。其特点是具有两个以上的自由面，炸药单耗较低。

（3）按爆破控制程度炮眼爆破法分为：

1）抛掷爆破。将爆破对象按预定的方向和范围堆积或者直接爆破成槽的爆破作业。

2）碎化爆破。将爆破对象按爆破后块体的大小要求，进行合理的布孔和装药所实施的爆破作业。

3）松动爆破。松动爆破分为强松动爆破和弱松动爆破。强松动爆破对块体的大小没有要求，只为达到开挖目的而进行的爆破作业，如路基、基坑、沟槽、场平等工程多属于这一类爆破。弱松动爆破是由于爆破区域附近有需要保护的建（构）筑物和设施而采取的降低炸药单耗、减少一次（或者单段）起爆总药量而进行的爆破作业。

第五节 深孔爆破法

深孔台阶爆破，一般指孔径大于 50mm、孔深大于 7m 的多级台阶爆破。由于它是在两个自由面以上条件下的爆破，多排炮孔间还可以采用毫秒延期起爆，具有一次爆破方量大（可达数千吨级）、破碎效果好，振动影响小等优点，因而得到广泛的使用。目前世界上大部分岩石开挖都采用这一方法。它也是我国水电站坝基开挖的主要爆破方式。

深孔台阶的形式根据坝基设计要求而定。其中台阶的高度是由岩质和节理的发育情况、钻爆方法、装运方式、工程特点及工程量等因素确定；台阶的宽度则根据岩质条件、钻机性能和装运机械尺寸等而定；台阶的长度由现场地形、地质条件以及爆破施工的工程量来控制。水电站深孔台阶爆破的效果，应达到下述要求：

（1）爆破石渣的块度和爆堆，应能适合挖掘机械作业。爆渣如需利用，其块度或级配应符合有关要求。

（2）爆破时保留岩体的破坏范围小、爆破地震效应小、空气冲击波小以及爆破飞石少。深孔台阶爆破一般采用毫秒爆破法，按其起爆顺序和方式的不同又分为许多种。如同排齐发爆破、按排起爆的排间毫秒爆破、同排与不同排按一定顺序起爆的毫秒微差有序爆破、小抵抗线宽孔距微差爆破、微差压渣爆破等。

深孔爆破法的起爆方式如下：

（1）同排齐发爆破。同排炮孔之间用导爆索连接，排间导爆索用不同段毫秒雷管引爆，称为间排齐发爆破法。这种爆破方法操作简便，不易发生错误。但导爆索自上而下引爆炸药，使堵塞段预先形成爆炸气体泄出通道，减少气体在炮孔内作用的时间，从而不利于岩石破坏。

（2）同排毫秒微差爆破。同排炮孔装入同一段毫秒延期雷管，不同排使用不同段雷管的起爆方法称为同排毫秒微差爆破。因为同段毫秒延期雷管间存在误差，因而它们不能像齐发爆破那样相邻炮孔起爆时差小于1ms,而是大于1ms,乃至数十毫秒。同排雷管先响与后响,无法预测。这种利用雷管自身误差达到微差目的的爆破,对岩石破碎有利,它一般在孔数、排数不是特别多的情况下使用。

(3)微差有序爆破。同排或多排炮孔按设计规定的顺序起爆的方法,称为微差有序爆破法。目前世界上大多采用塑料导爆管雷管起爆系统完成微差有序爆破,当每个炮孔内再分段,则构成孔间、孔内微差有序爆破。由于每一孔均处于3个自由面条件下爆破,使被爆岩石得以充分破碎。它是目前世界上比较先进的起爆方法,在三峡等水利水电工程中得到广泛运用。在炮孔较多和主要建筑物附近爆破时更加显示其优越性。

第六节 预 裂 爆 破

一、预裂爆破

预裂爆破是在设计的开挖轮廓边界上钻凿一排间距较密的炮孔,每孔装少量炸药,采用不耦合装药,在主爆孔前起爆,形成一条具有一定宽度能反射应力波的预裂缝,减弱应力波对边坡的破坏。

预裂爆破的成缝机理同光面爆破是一样的,爆破后也能沿设计轮廓线形成平整的光滑表面,可减少超、欠挖量,而且利用预裂缝将开挖区和保留区岩体分开,使开挖爆破时的应力波在预裂面上产生反射,而透射到保留区岩体的应力波强度则大为减弱,同时还使地震效应大大下降,从而可以有效地保护保留区的岩体和建筑物,特别是对增大边坡角,减少总剥离量,增加有效开挖量,可带来巨大经济效益。

二、预裂爆破的应用

预裂爆破是指进行石方开挖时,在主爆区爆破之前沿设计轮廓线先爆出一条具有一定宽度的贯穿裂缝。以缓冲、反射开挖爆破的振动波,控制其对保留岩体的破坏影响,使之获得较平整的开挖轮廓。预裂爆破不仅在垂直、倾斜开挖壁面上得到广泛应用;在规则的曲面、扭曲面以及水平建基面等也采用预裂爆破。预裂爆破适用于稳定性差而又要求控制开挖轮廓的软弱岩层。

三、预裂爆破的质量要求

（1）预裂缝要贯通且在地表有一定开裂宽度。对于中等坚硬岩石,缝宽不宜小于 1.0cm;坚硬岩石缝宽应达到 0.5cm 左右;但在松软岩石上缝宽达到 1.0cm 以上时,减震作用并未显著提高,应多做些现场试验,以利总结经验。

（2）预裂面开挖后的不平整度不宜大于 15cm。预裂面不平整度通常是指预裂孔所形成的预裂面的凹凸程度,它是衡量钻孔和爆破参数合理性的重要指标,可依此验证、调整设计数据。

（3）预裂面上的炮孔痕迹保留率应不低于 80%,且炮孔附近岩石不出现严重的爆破裂隙。

四、预裂爆破参数的确定

（1）炮孔直径一般为 50～200mm,对深孔宜采用较大的孔径。

（2）炮孔间距宜为孔径的 8～12 倍,坚硬岩石取小值。

（3）不耦合系数（炮孔直径 d 与药卷直径 d_0 的比值）建议取 2～4,坚硬岩石取小值。

（4）线装药密度一般取 250～400g/m。

（5）药包结构形式,较多的是将药卷分散绑扎在传爆线上。分散药卷的相邻间距不宜大于 50cm 和不大于药卷的殉爆距离。考虑到孔底的夹制作用较大,底部药包应加强,约为线装药密度的 2～5 倍。

（6）装药时距孔口 1m 左右的深度内不要装药,可用粗砂填塞,不必捣实。填塞段过短容易形成漏斗,过长则不能出现裂缝。

五、预裂爆破的装药结构

不耦合分段装药,药卷间用导爆索连成串。

六、地质条件对预裂爆破的影响

通过分析,地质条件对预裂爆破的影响有以下几个特点：

（1）岩石越完整越均匀则越有利于预裂爆破，非均质、破碎和多裂隙的岩层则不利于预裂爆破，特别是岩石的层理产状、裂隙发育程度、裂隙的主要方向对预裂爆破的影响较大；

（2）岩石孔隙率、裂隙率越大，将会使开挖岩面不平整度增加，造成超挖；

（3）高倾角裂隙的预裂壁面不平整度比中等倾角的裂隙小得多，走向平行于预裂缝的裂隙比横穿过预裂缝的裂隙对预裂爆破的影响要小。

七、钻孔施工质量对预裂爆破的影响

预裂爆破的目的就是在保留区和开挖区之间形成一个较为稳定、完整、光滑的断裂面，那么毫无疑问，按照设计意图精确放线，则是成功的第一步。放线仪器一般采用全站仪，全站仪放出来的要完全放设在基岩上，若有浮渣应及时清理，清理完浮渣后对该点进行校核，确定炮孔位置，用红色油漆在基岩上准确标出，此外还要在每个炮孔附近放设出方向点，以供钻机打钻时能够准确确定位置及方向。最后根据开挖设计深度和钻孔角度，算出预裂孔深度，交由钻机施工。

预裂爆破实践表明，预裂壁面的超欠挖和不平整度主要取决于钻孔精度，预裂爆破的成败 60％取决于钻孔质量，40％取决于爆破技术水平。钻孔质量的好坏取决于钻孔机械性能、施工中控制钻孔角度的措施和工人操作技术水平，以上 3 个影响钻孔质量的因素中，尤以工人操作技术水平最为重要，如果操作人员技术水平不高，即使采用一些好设备，也难以打出高质量炮孔，相反即使采用一些性能较差设备，但技术工人认真操作，仍可打出高质量炮孔。所以在钻孔的时候一定要加强控制，准确按照设计的位置、角度和方向钻设炮孔。

八、相关参数

在岩体预裂爆破中，最主要的孔网参数有线装药密度、孔距和孔深、孔径等。这些参数的确定又与炸药的类型及装药形式和岩体的性质及凿岩机具密切相关。在进行预裂爆破参数计算时,在施工要求确定的条件下,首先要对岩体的力学参数做较精确的了解或测定,然后正确选用炸药类型,根据这两个条件并结合现场凿岩设备,确定钻孔直径和孔深;再根据理论计算出不耦合系数、线装药密度和孔间距。

第七节 光 面 爆 破

光面爆破就是控制爆破的作用范围和方向,使爆破后的岩面光滑平整,防止岩面开裂,以减少超、欠挖和支护的工作量,增加岩壁的稳固性,减少爆破的振动作用,进而达到控制岩体开挖轮廓的一种技术。

与普通爆破相比,它的特点是:

(1) 周边轮廓线符合设计要求。

(2) 爆破后的岩面光滑平整,通风阻力小,可保持围岩的整体性和稳定性,有利于施工安全。

(3) 减少超、欠挖,提高工程速度和质量。光面爆破后通常可在壁面上残留清晰可见的半边孔痕迹。

(4) 与喷射混凝土和锚杆支护相结合,正逐步形成一套多快好省的工程施工新工艺。

光面爆破的形成机理:是沿开挖轮廓线布置间距较小的平行炮孔,在这些炮孔中进行药量减少的不耦合装药,然后同时起爆。爆破时沿这些炮孔的中心连接线同孔壁相交处产生集中应力,此处拉应力值最大,炮孔中的爆炸气体的气楔作用将炮孔连心线的径向裂隙加以扩展,成为贯通裂隙最后造成平整的光面。为获得良好的光面效果,一般可选用低密度、低爆速、低爆炸威力的炸药。

一、光面爆破在明挖中的应用

光面爆破是先爆除主体开挖部位的岩体,然后再起爆布置在设计轮廓线上的周边孔药包,将光爆层炸除,形成一个平整的开挖面,是通过正确选择爆破参数和合理的施工方法,达到爆后壁面平整规则、轮廓线符合设计要求的一种控制爆破技术。隧道全断面开挖光面爆破,是应用光面爆破技术,对隧道实施全断面一次开挖的一种施工方法。

二、衡量光面爆破的质量指标

(1) 开挖壁面岩石的完整性用岩壁上炮孔痕迹率来衡量,炮孔痕迹率也称半孔率,为开挖壁面上的炮孔痕迹总长与炮孔总长的百分比率。在水电部门,对节理裂隙极发育的岩体,一般应使炮孔痕迹率达到 10%～50%;节理裂隙中等发育者应达 50%～80%;节理裂隙不发育者应达 80% 以上。围岩壁面不应有明显的爆生裂隙。

(2) 围岩壁面不平整度(又称起伏差)的允许值为 ±15cm。

(3) 在临空面上,预裂缝宽度一般不宜小于 1cm。实践表明,对软岩(如葛洲坝工程的粉砂岩),预裂缝宽度可达 2cm 以上,而且只有达到 2cm 以上时,才能起到有效的隔震作用;但对坚硬岩石,预裂缝宽度难以达到 1cm。东江工程的花岗岩预裂缝宽度仅为 6mm,仍可起到有效隔震作用。地下工程预裂缝宽度比露天工程小得多,一般仅为 0.3～0.5cm。因此,预裂缝的宽度标准与岩性及工程部位有关,应通过现场试验最终确定。

第八节　微差爆破和挤压爆破

一、微差爆破

微差爆破也叫微差控制爆破,国际上惯称为毫秒延期爆破,是指在爆破施工中采用一种特制的毫秒延期雷管,以毫秒级时差顺序起爆各个(组)药包的爆破技术。微差爆破能有效地控制爆破冲击波、震动、噪声和飞石;操作简单、安全、迅速;可近火爆破而不造成伤害;破碎程度好,可提高爆破效率和技术经济效益。但该网路设计较为复杂;需特殊的毫秒延期雷管及导爆材料。微差控制爆破适用于开挖岩石地基、挖掘沟渠、拆除建筑物和基础,以及用于工程量与爆破面积较大,对截面形状、规格、减震、飞石、边坡后面有严格要求的控制爆破工程。

二、挤压爆破

挤压爆破是在自由面覆盖有松散矿岩块的条件下进行爆破,使矿岩受到挤压进一步破碎的方法。是露天和地下深孔爆破中常用的方法。在露天台阶爆破中,多排矿挤压爆破有以下优点:

(1)采用大型机械装载,不怕过度挤压,只要破碎均匀,块度适当,就不影响装载效率。有的矿山采用挤压爆破,爆破排数多,爆破量大,爆破后岩石仅仅发生微动,补偿系数只有 5%~10%。大大减少了等待爆破的停产时间,以及转移、保护设备和建筑物的工作量。

(2)露天台阶爆破不存在补偿空间的限制,一次爆破面积大,深孔数目多,有利于合理排列深孔,尽量利用排与排之间爆破碎块的相互挤压作用。

(3)在露天台阶挤压爆破中常常采用过度挤压,因此需要适当增加炸药单位消耗量,加强径向裂隙和挤压作用。

(4)露天台阶挤压爆破用作挤压的矿(岩)有两种,一种是在自由面上留有松散的爆破碎块;另一种是利用掏槽孔先炸出一排孔的破碎区。在进行露天台阶微差挤压爆破时,要特别注意爆堆厚度与高度对爆破质量的影响。当台阶高度为 15m 左右,如果采用 3~4m 的挖掘机铲装,则渣高不可超过 20m。如果台阶高度大于 20m,而铲装设备容量小时,则应尽量减小堆渣厚度。一般认为挤压爆破用于较低的台阶爆破中。

第九节　特　殊　爆　破

一、水下爆破

1. 水下爆破

水下爆破,指在水中、水底或临时介质中进行的爆破作业。水下爆破常用的方法有裸露爆破法、钻孔爆破法以及洞室爆破法等。水下爆破的作业方式和爆破原理与陆域爆破大致相同,都是利用炸药爆炸释放的能量对介质作功,达到疏松、破碎或抛掷岩土的目的。但由于中间介质水的影响，与一般土岩爆破作业比较，施工难度要大得多。对一个水下爆破工程，应当根据工程量大小、周围环境、工期要求、施工机具等情况综合考虑。选择何种作业方式和钻孔设备，选用爆破器材及装药、起爆方法等。

水下爆破的特点：

(1) 爆破器材选用方面，水下爆破的施工作业条件比一般陆地爆破要艰巨、复杂。在爆破器材运输、装药、连线中必须确保在水面及水下恶劣环境中的工作人员安全。不能像陆地爆破那样采用敏感度高的炸药。而宜采用安全度大、威力强的乳化炸药，并要求有良好的抗水压性能及采取相应的抗浮措施。若条件不许可，只能采用陆上常用的普通爆破器材时，要采取严格的防水、耐压措施。

(2) 爆破参数选择方面，水下爆破产生的岩渣利用水流作用冲走或利用水下专用清渣设备清除，对岩渣碎块的粒度要求比陆地爆破更为严格。在水中爆破岩体的鼓胀、移动都必须对静水压力作功；爆破冲击波在与水面接触面上产生能量损耗，抛掷岩石必须克服水的正面阻力和粘滞阻力作功，水下施工误差也比陆上大，这些原因，使得水下爆破所需的单位耗药量常大于陆地爆破，孔距、排距比陆地爆破要密，且不宜采用过大的爆破作用指数。

(3) 爆破施工方面，必须考虑水深、流速、风浪的影响，特别是在航道内施工，既要保证施工设备安装架设的安全可靠，又要保证移动撤退时的轻便灵活，还不能影响通航。水下爆破施工工序比陆上要复杂得多，且施工需要专用设备，一旦发生瞎炮，比陆上爆破更难处理。因此，施工操作要特别仔细、谨慎。置于水环境中的炸药和起爆装置易受到损害，要求水下爆破施工各环节安排紧凑，能在较短的时间内完成装药、爆破。

水下爆破施工的困难有：

(1) 定位、定线困难。由于水流和浪潮的影响，特别是水下的能见度很低，在水下岩面上准确地定出药包位置，并在施工中严格控制定位准确性,比陆上要困难得多。尤其是水底钻孔爆破施工,若钻孔位置出现过大的偏差,很可能在钻后一排孔的时候,引起前排药包爆炸;或者使两孔相距过近,引起殉爆。这将产生严重的安全事故,危及施工人员的生命安全和设备安全。

(2)钻孔和装药困难。在水下钻孔爆破施工中,虽然可以利用钻孔工作船或工作平台在水面上钻孔,但由于水流和浪潮影响,很难控制钻孔位置在规定的偏差范围内。装药工作也往往由于药包的防水装置,加重物和泥沙等在钻孔内的沉淀物而影响装药密度和长度,从而降低爆破效果。

爆破有害效应影响大,涉及面广,水下爆破产生的地震波要比陆上爆破大得多,而且水底任一质点的振动还会受到水冲击波的影响。所以水下爆破产生的破坏作用有时是水冲击波和地震波共同引起的。水下爆破施工区附近的建筑物,特别是水中建筑物、生物及水面船舶都必须有一定的安全距离,或采取可靠的防护措施。

2. 水下裸露爆破

水下裸露爆破是将炸药按设计药量经过加工后,安放在水下被炸物的表面,四周以水覆盖进行爆破的一种施工方法。这一方法虽然炸药单耗量大、能量利用率低、成本高、工效低,但因设备简单、操作方便、机动灵活、适应性强等特点,曾被广泛采用。当钻船因流速过大,流态紊乱,或因航道狭窄及其他原因无法定位施工或让航时,仍可采用此法施工。

(1)应用范围:水下裸露爆破通常应用在工程量规模小,工点零星分布,开挖深度不大(小于 1.5m)的情况。在下述应用范围,水下裸露爆破可取得较理想的爆破效果。爆破水下孤礁或面积不大、炸层不厚,近旁有深潭的暗礁;受水流、地形、设备等影响,不能采用其他方法施工时;大块石的二次破碎,清炸浅点,引爆钻孔盲炮;配合挖泥船疏浚,松动爆破紧密的砂卵石;其他特殊爆破,如物探震源,水下地基夯实爆破、清除废弃桥墩水下部分的圬工等。

(2)施工工艺:药包加工,一般情况下,把药包加工成

1∶1.5∶3的长方体,水下裸露爆破最好采用乳化炸药,在制作药包时可将经检查的2发雷管直接插入药包中。根据炸深要求,可加工成8kg、12kg、16kg、20kg、24kg药包。并在药包的两端加配重,配重可就地取材,采用块石或砂石。配重的质量应根据流速确定,配重重量应是药包重量的2～5倍。药包投放,水下裸露爆破的成败关键是如何在指定的施工地点正确无误地投放药包起爆。水下投放敷设药包应根据水深、流速、流态、工程量大小及通航条件等情况,采用不同的投药敷设方法。

1)岸边直接敷设法。当水深较浅,爆破区靠近岸边,能从水面看清拟炸目标时,可从岸边通过斜坡平台滑放,或用提绳投法、竹杆滑投法、绳杆结合的吊投放法等投送药包。

2)潜水敷设法。水深3m以内,流速小于0.5m/s时,对于零星分布的少量块石或孤石,采用潜水员入水敷设药包,其潜水效率与作业条件有关。

3)沉排法。在岸边架设滑道,在滑道上绑扎竹排架,将药包按设计间距排列在木排、竹排或尼龙框上,形成网状。通过滑道把排架排入水中,用船拖至爆区,配上重物将排架投入沉到水中固定高度。

4)船投法。大面积或大量水下裸露爆破工程,宜用船投法。大型山区河流,河道较宽可用机动船投药;中小型河流,因航道条件较差,多采用非机动船投药。非机动船投药,能在任何急流险滩或滑坡河流段施工。作业时配25～30t非机动船作定位船,船上装有小型柴油机作为定位抛锚和施绞投药船用,设有专用爆破室,并配备有扩大器、对讲机等通信工具和爆破仪表。投药船选用5～8t小驳船,船尾配有人力舵;中舱两舷设翻板,板长5～6m,宽0.3m,厚度0.04m,用铰链与船体连接,船上配有测深仪、对讲机、GPS等仪器和通信设备。并配有机动船负责交通、安全和送药包。定位时,用机动船拖带定位船在炸区上游锚泊定位,一般用主绳和左右边绳锚泊在施炸区上游70～120m处。定位船根据投药船炸礁的需要,负责上、下、左、右移位,使定位船与投药船始终固定在被炸礁石的同一流线和断面上。

二、拆除爆破

按设计要求用爆破方法拆除建筑物的作业。对废弃建(构)筑物,利用少量炸药、合理布置炮孔、一定的起爆顺序及延迟时间,按照设计方案进行爆破拆除,使其塌落解体或破碎,同时严格控制震动、飞石、粉尘的不利影响,确保周围设施安全的一门爆破技术。

常见的爆破拆除的楼房结构可分为砖混结构、框架结构、排架结构、剪力墙-框架结构等。砖混结构通常是由砖墙(柱)和钢筋混凝土梁共同承重;框架结构是由钢筋混凝土梁和柱来承重;排架结构一般都在车间厂房应用,由砖墙和钢筋混凝土排柱共同承重;剪力墙结构在高层楼房结构中应用,它由钢筋混凝土梁、柱、墙来承重。根据楼房爆破失稳倾倒原理,用炸药爆破的方法,一般是在建(构)筑物的底部(或某个部位)爆破产生一个截面为三角形(或四边形)的缺口,使楼房在重力作用下失稳倾倒。因此,爆破缺口的设计是楼房能否倒塌的关键问题。

第三章

凿 岩

第一节 凿岩的意义与凿岩机械分类

一、凿岩的意义

所谓凿岩,就是在岩石(或矿石)上钻凿炮孔。岩石是凿岩作业的工作对象,它的物理力学性质对凿岩爆破有很大关系。凿岩机在岩层上钻凿出炮眼,以便放入炸药去炸开岩石,从而完成开采石料或其他石方工程。此外,凿岩机也可改作破坏器,用来破碎混凝土之类的坚硬层。

二、凿岩机械的分类

凿岩机按其动力来源可分为风动凿岩机、内燃凿岩机、电动凿岩机和液压凿岩机四类。

风动式以压缩空气驱使活塞在气缸中向前冲击,使钢钎凿击岩石,应用最广。

电动式由电动机通过曲柄连杆机构带动锤头冲击钢钎,凿击岩石。并利用排粉机构排出石屑。

内燃式利用内燃机原理,通过汽油的燃爆力驱使活塞冲击钢钎,凿击岩石。

液压凿岩机是在风动凿岩机的基础上发展起来的。它与风动凿岩机一样,也是利用压力差作用,推动活塞在缸体内往复运动,冲击钎子来破碎岩石的。由于液压凿岩机采用循环的高压油作动力,因此能克服风动凿岩机存在的一系列问题和缺陷。

内燃凿岩机不用更换机头内部零件,只需按要求扳动手柄,即可作业。具有操作方便,更加省时、省力,具有凿速快、效率高等特点。在岩石上凿孔,可垂直向下、水平向上小于 45°垂直向下最深钻孔达 6m。无论在高山、平地,无论在 40℃的酷热或零下 40℃的严寒地区均可进行工作,具有广泛 的适应性。内燃凿岩机具有矿山开采凿孔、建筑施工、水泥 路面、柏油路面等各种劈裂、破碎、捣实、铲凿等功能,广泛用 于矿山、建筑、消防、地质勘探、筑路、采石、国防工程等。适 用于无电源、无气源的施工场地。

第二节　浅孔冲击式凿岩机

浅孔冲击式凿岩机用于钻炮孔直径小于或等于 50mm、 深度小于或等于 5m 的孔即为浅孔凿岩作业。特点是钻具以 冲凿方式破岩,包括冲凿、回转和清渣三个主要过程。

在轴向力 P 的作用下,钻头凿入岩石一个深度 T,其破 碎面 I-I′,为了形成一个圆形的炮孔,钎子每冲击一次,还 要回转一个角度 β,然后进行新的冲击,相应的破碎面 II-II′,如此反复形成一个新的钻机孔(见图 3-1)。

在两次冲击之间留下来的扇形岩瘤,将借钎头切削刃上 所产生的水平分力 T 剪碎。

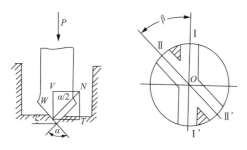

图 3-1　冲击式凿岩机工作原理

1. 浅孔冲击式凿岩机类型

浅孔凿岩机的类型很多,一般有以下几种:

(1) 手持式凿岩机:重量轻、功率较小,便于手持操作。

主要用于钻浅孔和二次爆破作业。可用手操持打向下的、水平的和倾斜的炮孔,钻孔深度可达 5m。重量较轻,一般在 25kg 以下,工作时用手扶着操作。可以打各种小直径和较浅的炮孔。一般只打向下的孔和近乎水平的孔。由于它靠人力操作,劳动强度大,冲击能和扭矩较小,凿岩速度慢,现在地下矿山很少用它。属于此类的凿岩机有 Y3、Y26 等型号。

手持式凿岩机操作时应注意以下事项:

1) 作业前必须检查和处理浮石,检查支护情况。检查处理浮石时,应从安全地点由外向里逐步进行。

2) 凿岩机必须检查工作面上有无残炮,若有残炮必须按规定处理后方可凿岩,严禁沿残眼找眼。

3) 凿岩时,操作者应站在凿岩机的后侧方,要注意观察钎子的工作情况,避免卡钎及断钎,对凿岩机施加的轴向推力要适当,防止发生断钎伤。

4) 凿岩工作中,要注意水管接着各紧固件的紧固情况。如发现松动,应及时停机处理。

5) 严禁打干眼,开钻时要加水。

6) 露天采石场凿岩应坚持打下向孔;在 30°以上斜面或垂直高度超过 2m 的岩面工作必须系好安全带。

(2) 气腿式凿岩机:带有起支撑和推进作用的气腿。22～30kg,孔深 3～5m,$d = 34 \sim 42$mm。使用可伸缩的气腿来支撑和推进凿岩机工作,主要用于打水平和倾斜的炮孔。手持式凿岩机要有很大的力气扶持,剧烈的振动直接传于人的身体,使人很容易疲劳,影响健康,目前属于淘汰产品。而气腿式凿岩机是由一气腿代替人力顶着凿岩机工作,从而大大减轻工人的劳动强度。见图 3-2。

气腿式凿岩机需要注意以下事项:

1) 机器出厂前注有防锈油,使用前应拆洗干净,重新组装时配合表面应涂润滑油,方可使用。

2) 连接气管时必须吹净管内杂物,以免杂物机内磨损机件。

3) 开动机器前,必须细心检查各操纵机构和运行部件是

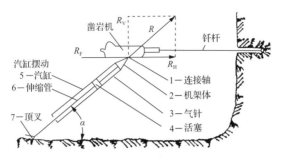

图 3-2　气腿式凿岩机

否装配正确可靠。注油器内要装满润滑油,并调节好油量。

4) 机器工作结束,应先切断水源再轻运转片刻,吹净机内残余水滴,防止零件生锈。

5) 常用的机器,应注意定期保养和维修。至少每周应检查一次,清除机内脏物,更换损坏和失效的零件。

6) 用过的机器,如果长时间存放,必须拆洗、除油、放置阴凉干燥处。

7) 调压阀是调节气腿推力的装置。沿标明方向扳动调压阀,气腿推力便逐渐增大。换向阀是操纵气腿快速伸缩装置,在作业过程中,气腿的推进长度如不能满足凿深要求,只要勾动扳机推动换向阀,气腿便快速缩回,进行换位(不需要关闭操纵阀和换向阀)。

(3) 伸缩式(向上式)凿岩机(见图 3-3):带有轴向气腿,专用于钻 60°～90°的向上孔。机重 40kg,孔深 2～5m,钻孔孔径＝36～48mm。

(4) 电动式凿岩机:电动式凿岩机由电动凿岩机、滑道、升降杆、三角平衡架、支杆、多功能电控箱组成。它具有一机多用,无污染、节能省耗、操作装卸方便,安全可靠等特点。电动凿岩机使用前应检查机械部分,应无松动和异常现象,电动机应绝缘良好,接线应正确可靠,才可通电。各传动机构的摩擦面,要保证充分润滑,并定期更换润滑油。钻孔前,应空载检查钻杆的旋转方向后,将钻头、钻杆、水管接好即可

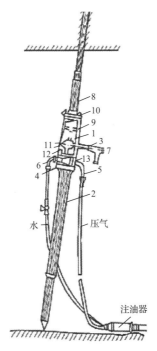

图 3-3 伸缩式凿岩机

1—气缸；2—推进器；3—把手；4—启动手柄；5—风管接头；6—水管接头；
7—减压按钮；8—机头；9—螺栓；10—螺帽；11—夹起部；12—盖帽；13—机尾

钻岩。开孔时,应轻轻将离合器安上,当钻头全部进入岩层后,在紧上离合器;当钻进一定深度而需停钻时,松开离合器,待钻头全部退出孔后再停钻,并将离合器置于中间位置。

(5)内燃凿岩机:内燃凿岩机是一种由小型汽油发动机、压气机、凿岩机三位一体组合而成的手持式凿岩工具,设备主要应用于建筑拆除作业、地质勘探钻孔和地基工程,以及水泥路面、沥青路面的各种劈裂、破碎、捣实、铲凿等功能,更适用于各种矿山的钻孔、劈裂、爆破开采,内燃凿岩机携带方便,适用于高山、无电源、无风压设备的地区,对流动性较大的临时性工程尤为适合,具有广泛的适应性。内燃凿岩机较之气动凿岩机更方便,更安全,更高效。

1)不用更换机头内部零件,只需按要求扳动手柄,即可作业。

2)使用该机操作方便,更加省时,省力,具有凿速快、效率高等特点。

3)该机目前达到同类产品一流水平,并能和国际同类产品零件完全互换。

4)在岩石上凿孔,可钻垂直向下、水平向上小于 45°的孔,垂直向下最深钻孔达 6m。

5)主机重量仅 30kg 左右,携带方便,适用于高山、无电源、无风压设备的地区,流动性较大的临时性工程尤为适合。

6)无论是在高山、平地,还是在 40℃的酷热或零下 40℃的严寒地区均可进行工作,本机具有广泛的适应性。

2. 浅孔冲击式凿岩机操作规程

(1)钻孔前的准备。

1)风锤使用条件:风压宜为 0.4～0.6MPa,不得小于 0.4MPa;水压应符合要求;压缩空气应干燥;水应用洁净的软水。

2)打眼前检查各部件的完整性和转动情况,检查风路、水路是否完好、畅通,各连接接头是否牢固,风钻零部件是否齐全,螺丝是否紧固有效,并加注润滑油进行试运转。

3)打眼前采用压缩空气吹出风管内的水分和杂物。风管、水管不得缠绕、打结,并不得受各种车辆碾压。

4)检查钎杆是否有弯曲现象,中心孔有无堵塞,如钎杆弯曲或中心孔不通应进行处理或更换。

5)检查钎头是否锋利,合金片是否缺损或脱落,钎头水孔有无堵塞,不合格的要进行更换,不合格的钎子禁止使用。

6)检查打眼作业地点周围的安全情况,对发现的隐患要及时进行处理。

7)在工作面打眼前,要详细检查顶板支护是否安全完好,并对工作面进行敲帮问顶,查找活动石块并做必要处理。

8)打眼前,将附近 10m 范围内的电气设备开关打至零位并闭锁。

（2）操作方法。

1）打眼时，应慢速运转，不得用手、脚去挡钎头，应把钻机操纵阀开到慢速运转位，在各待眼位稳固并钻进 20～30mm 后，再把操纵阀手把扳到中速运转位置钻进，当钻进约 50mm，且钻头不会脱离眼口时，再全速钻进。退钎时，应慢速徐徐拔出，若岩粉较多时，应强力吹孔。

2）打眼过程中要给水均匀适当，打眼时，除领钎外风锤前方严禁有人。

3）在打眼过程中，要经常检查风管、水管的连接是否牢固，有无脱扣现象，如接头不牢，应停钻处理好后再开钻。

4）打眼时领钎工不准戴手套，袖口必须扎紧，脖子上毛巾头必须塞到工作服领口里面并扣好，防止钎杆转动而扭卷伤人，领钎工按眼时，必须使钎头落在实煤（岩）上，如有浮煤（岩），应处理后再按眼。

5）打眼扶钻人员要站在风锤侧面，禁止正对眼口位操作，两腿前后错开，脚要蹬实，防止断钎伤人。

6）打眼高度超过 2m 以上时，应当采取登渣作业方法，如无条件，可以搭设牢固可靠的工作台，在工作台上打眼。在离地 3m 以上或边坡上作业时，必须系好安全带。不得在山坡上拖拉风管，当需要拖拉时，应先通知坡下的作业人员撤离。

7）当钻孔深度达 2m 以上时，应先采用短钎杆钻孔，待钻到 1.0～1.3m 深度后，再换长钎杆钻孔。

8）在倾角超过 25°以上的上山迎头打眼，其后要设防滑设施，以防人员滑下发生事故。工作面平整的炮眼位，要事先捣平才许凿岩。

（3）注意事项。

1）风锤系湿式中心注水凿岩，严禁打干眼更不允许拆掉水针作业。

2）风锤体内零件必须要在有润滑油润滑的情况下运转，严禁无润滑油作业。

3）在深坑、沟槽、井巷、隧道、洞室施工时,应根据地质和施工要求,设置边坡、顶撑或固壁支护等安全措施,并应随时检查及严防冒顶塌方。

4）打眼时应先开风、后开水,停钻后应先关水、后关风,并应保持水压低于风压,不得让水倒入风锤气缸内部,不应用弯折风管的方法停止供气。

5）使用风锤打眼时,要注意站立姿势和位置,严禁在废炮眼上打眼,绝不能靠身体加压,更不能在风锤及钎子下面站立或进行其他作业,以防断钎伤人。两台风锤同时作业时,应保持 1m 以上的安全距离。打眼时,钎杆与钻孔中心线应保持一致。

6）将钎尾插入凿岩机头,用力顺时针转动钎子,如果转不动,说明机器内有卡塞现象,应及时处理。运转中,当遇卡钎或转速减慢时,应立即减少轴向推力,当钎杆仍不转时,应立即停机排除故障。

7）在装完炸药的炮眼 5m 以内,严禁打眼。夜间或洞室内作业时,应有足够的照明。洞室施工应有良好的通风措施。

8）在巷道或洞室等通风条件差的作业面,必须采用湿式作业。在缺乏水源或不适合湿式作业的地方作业时,应采取防尘措施。

9）作业后,应关闭水管阀门,卸掉水管,进行空运转,吹净机内残存水滴,再关闭风管阀门。

第三节 凿 岩 台 车

凿岩台车也称钻孔台车,是隧道及地下工程采用钻爆法施工的一种凿岩设备。它能移动并支持多台凿岩机同时进行钻眼作业。主要由凿岩机、钻臂(凿岩机的承托、定位和推进机构)、钢结构的车架、走行机构以及其他必要的附属设备和根据工程需要添加的设备所组成。凿岩台车是从 20 世纪 70 年代发展起来的一种钻孔设备。它是将一台或数台高效率的凿岩机相连同推进装置一起安装在钻臂导轨上,并配行走机构,使凿岩作业实现机械化。和凿岩机相比,凿岩台车工效可以提高 2~4 倍,并且可以改善劳动条件、减轻工人劳动强度。应用钻爆法开挖隧道时,为凿岩台车提供了有利的使用条件,凿岩台车和装渣设备的组合可加快施工速度、提高劳动生产率,并改善劳动条件。

一、凿岩台车分类

按照台车行走机构分为轨道、履带及轮辐式、挖掘式四种。国产凿岩台车以轨道及轮胎式较多。图 3-4 为轮胎式凿岩台车。

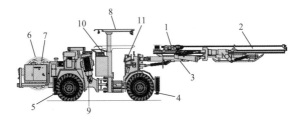

图 3-4　轮胎式凿岩台车

1—凿岩机;2—推进梁;3—钻臂;4—前千斤;5—后千斤;6—电缆卷;
7—配电柜;8—顶棚;9—电机和液压泵;10—驾驶室;11—操作台

轨形式台车车体一般为门架式,故常称门架式凿岩台车。其上部有 2~3 层工作平台,能安装多台(可达 21 台)凿岩机;下部能通过装渣机、运输车辆及其他机具。这种台车具有钻眼、装药、支护、量测等多种功能。它是为了适应大断面隧道施工的需要,同时克服手持式凿岩机钻眼效率低的缺点而发展起来的,在铁路隧道和水工隧洞施工中被推广应用。在车体上安装数个钻臂(用以安装凿岩机,一般 1~4台)的可自行的凿岩机械设备。钻臂能任意转向,可将凿岩机运行至工作面上任意位置和方向钻眼(孔)。钻眼(孔)参数更为准确、钻进效率高、劳动环境大大改善。

轮胎式和履带式凿岩台车主要由油机驱动,安装 2~6台高速凿岩机,车体转弯半径小,机动灵活,效率高,一般用于矿山平巷掘进,也可用于隧道及地下工程的开挖。

按照台车动力分气动式和液压式,后者应用较多,自动化程度高,整个钻孔(孔)程序由电脑控制。在发展过程中,起初采用风动凿岩机的梯式凿岩台车,逐步为用液压凿岩机的门架式凿岩台车所代替。

二、凿岩台车的型式选择

凿岩台车主要由凿岩机、支臂及摆动(回转)机构、推进器及平动机构、行走机构等组成。选型时,应在分析结构的基础上,综合考虑生产率要求、岩石性质、巷道规格、炮眼的布置和深度、掏槽方式、轨道和路面状况等因素,使所选出的凿岩台车结构简单、外形尺寸小、重量轻、成本低、工作安全可靠、生产率高,并力求技术先进,以充分发挥其最佳工作效能。

1. 生产率

凿岩机的生产率应满足矿井掘进生产的需要。其生产率一般用每班钻孔长度表示:

$$L = KvTn/100 \qquad (3-1)$$

式中:L——凿岩机的生产率,m/班;

$\quad\quad n$——一台凿岩台车上同时工作的凿岩机台数;

$\quad\quad T$——每班工作时间,min;

$\quad\quad v$——凿岩机的技术钻进速度,cm/min;

$\quad\quad K$——凿岩机的时间利用系数,为凿岩机的纯工作时间与每个掘进循环中凿岩工作时间的比值,参考表3-1。

表 3-1   时间利用系数 K

推进器行程/mm	1000	1500	2000	2500
时间利用系数 K	0.5	0.6	0.7	0.8

2. 凿岩机的型式

应选用带有导轨的气动或液压凿岩机和台车配套,以提高凿岩效能。目前,国家推广使用的有 YT—23、YT—30 等型号的液压凿岩机。

3. 支臂

支臂是凿岩机的支承和运动构件,对台车的动作灵活性、可靠性及生产率有较大影响。目前使用较多的有摆动式(直角坐标式)和回转式(极坐标式)两大类。

(1) 支臂的类型。

1) 摆动式支臂。在工作时可使钻臂在水平和垂直方向移动,按直角坐标方式确定炮眼的位置,又称为直角坐标式支臂。其特点是:结构简单、通用性好、操作直观性好,适合各种炮眼排列方式。但在确定炮眼位置时操作程序多、所需时间长。轻型台车可采用此种支臂。

2) 回转式支臂。工作时可使整个支臂绕其根部回转机构的轴线做回转。支臂同时可实现升降,通过升降运动和回转运动,以极坐标方式确定炮眼的位置,又称为极坐标式支臂。该种支臂的特点是:动作灵活、炮眼定位操作程序少,所需时间短,便于打周边炮眼,但结构比较复杂。各种型式的凿岩台车均可采用此种支臂。

(2) 支臂数量(凿岩机台数)。支臂用以支承凿岩机,每条支臂上安装一台凿岩机,所以凿岩机的台数即等于支臂的数量。支臂的数量可按下式确定:

$$n = 100zh/(KTv) \qquad (3\text{-}2)$$

式中:z——工作面所需炮眼数;

h——工作面炮眼的平均深度,m。

也可根据巷道断面的大小确定支臂的数量:

$S = 1.8 \times 2.0 \sim 2.6 \times 3.2 \mathrm{m}^2$,二支臂;

$S = 2.4 \times 2.6 \sim 3.5 \times 4.5 \mathrm{m}^2$,三支臂;

$S > 3.5 \sim 4.5 \mathrm{m}^2$,三支臂以上。

4. 推进器

推进器用来使凿岩机移近或退出工作面,并提供凿岩工作时所需的轴推力。

(1) 推进器类型。推进器类型主要由炮眼深度决定:

1) 当炮眼深度 $h \leqslant 2500\mathrm{mm}$ 时,应选用结构简单、外形尺寸小、动作平稳可靠的螺旋式推进器。

2）当炮眼深度 $h > 2500$mm 时，应选行程较大的链式推进器或油缸-钢丝绳式推进器。

（2）推进器行程。选择推进器行程时，应考虑以下两种情况：

1）用一根钎杆一次钻成炮眼全深时，推进器的推进行程 H 由炮眼深度 h 决定，即

$$H \geqslant h + h_1 \qquad (3\text{-}3)$$

式中：h——炮眼深度，mm；

h_1——凿岩机回程时钎头至顶尖的距离，一般为 $50 \sim 100$mm。

2）接钎凿岩时，推进器的行程应不小于接钎长度，即有

$$H \geqslant h_j + h_1 \qquad (3\text{-}4)$$

式中：h_j——接钎长度，mm。

（3）推进力。推进器的推进力应能在一定范围内调节，以满足最优轴推力的需要。平巷掘进时的推进力：

$$P = K_b R_b \qquad (3\text{-}5)$$

式中：K_b——备用系数，$1.1 \sim 1.3$；

R_b——最优轴推力。

凿岩机在最优轴推力下工作，才能获得最佳凿岩效能，工作时应经常调节推进速度和推进力，以保持凿岩机始终在最优轴推力下工作。各种机型凿岩机的最优轴推力可由实验确定，也可向生产厂家咨询。

5. 推进器平动机构

推进器平动机构用来保证支臂在改变位置时，推进器始终和初始位置保持平行，用钻凿出平行炮眼，实现直线掏槽法作业。其选用方法为：

（1）当使用强度不大的轻型支臂时，可选择结构简单、制造容易、动作可靠的四连杆式平动机构。

（2）当支臂较长或使用伸缩支臂和旋转支臂时，应选用尺寸小、重量轻的液压自动平行机构。

（3）在要求炮孔平行精度高的场合，可采用电液自动平行机构，通过角定位伺服控制系统控制支臂液压缸和俯仰角

油缸的伸缩量,实现推进器托盘的自动平行位移。

6. 行走机构

台车的行走机构用来使台车在巷道中调动,常用的有:

(1)轮胎式行走机构:其特点是调动灵活、结构简单、重量轻、操作方便、翻越轨道时不会受损,也不会轧坏水管或电缆。但轮胎寿命短,需经常更换,维修费用高,台车高度大。在大断面巷道中使用的大型台车可采用此种行走机构。

(2)轨轮式行走机构:其特点是结构简单、工作可靠、轨轮寿命长、台车高度小,但调动不灵活,增加辅助作业的时间。在小断面和采用轨道运输的巷道中应采用此种行走机构。

(3)履带式行走机构:其特点是牵引力大、机动性好、对底板的比压小,机器的工作稳定性好。同履带式装载机相配合可组成高度机械化作业线,但机器的高度尺寸和重量较大,多在中等以上的巷道断面中使用。

7. 外形尺寸及通过弯道的曲率半径

所选用台车的外形尺寸要受到巷道断面的限制,主要取决于运输状态时的最小工作空间尺寸。对于单轨运输巷道,在运输状态时要保证台车和两侧壁间有一定的安全距离。人行道侧为0.7m,另一侧为0.15～0.2m;在双轨运输巷道中,台车与另一轨道上的运输车辆的距离应保持在0.15～0.2m的安全距离。台车的运行高度应比电机车架线低250mm。选用台车时,还应根据本地矿井的情况,使台车允许通过的最小曲率半径小于工作巷道的最小弯道半径,以使所选用的台车能顺利调动、正常工作。

三、凿岩台车在实际工程中的应用

1. 地下洞室掘进开挖的应用

在地下洞室掘进开挖施工过程中,对于洞径较大的,可选用凿岩台车进行钻孔开挖。作业时,一般选用长的钻杆。由于钻臂和推进梁的限制,周边孔无法使钻杆以笔直状态进入,所以开孔时必须使钻杆长出推进梁0.5m左右,开孔后,利用钻臂的力量将钻杆固定,使打入的钻杆沿孔周边笔直进入。周边孔的间距为 40cm 左右,拔心眼选择斜拔心(漏斗型),其他孔间距为 50cm,一般的进尺在 3～4m。爆破时,最好采用光面爆破,周边孔间隔装置炸药,其他的孔应该按照由内到外、由浅到深递增排布来控制爆破次序。

使用凿岩台车进行开挖作业时,如果岩层较好,超欠挖可控制到 15cm 以下;岩层较差时,只要不塌方,可以控制到 25cm。

对于洞室较宽,宽度大于 14m 的,可采用一台凿岩台车在中间开挖导洞,并留下保护层。开挖时采用两边修边到开挖线的方法。其次可以采用两台凿岩台车并列排位,整体掘进的方法进行开挖作业。

对于洞室较高,高度大于 12m 的,开挖时可采用两层开挖的方式进行,上层开挖可采用凿岩台车在中间开挖导洞,并留下保护层,同时在两边修边到开挖线的方法进行开挖;下层开挖采用洞室中间使用凿岩台车造孔进行开挖,而洞室两边墙面采用光面爆破的方式进行,以保证超欠挖不大于开挖的标准。

2. 锚杆支护中的应用

地下洞室在开挖施工中为了防止塌方,需要进行大量的锚杆支护。虽然进行锚杆支护的方法有很多,但截至目前,依然还没有任何设备可以达到台车造锚杆支护孔的效率(例如采用凿岩台车造直径 6.4cm、长度 6m 的锚杆支护孔时,每一个工班 8h 可完成 100 个;采用凿岩台车造直径 6.4cm、长度在 6～12m 之间的锚杆支护孔时,施工中要分为两次钻孔,一次钻至 6m,另外再加接钻杆,钻深到规定位置。每一个工班 8h 可完成 50 个以上)。特别是在地下厂房的岩锚梁锚杆支护施工,由于其对锚杆位置的准确性要求较高,在锚杆支护的施工就更离不开凿岩台车。如采用凿岩台车进行岩锚梁锚杆支护,在人员配置齐全的情况下,每一工班 8h 可完成 30 个孔。

3. 深孔打造中的应用

在正常的地下厂房或隧道施工中,往往需要打造孔口朝下、直径 90mm 以内、深度达 20m 以上的深孔用于注浆或观测。打造此类深孔,采用凿岩台车,则不需要任何其他的辅助工具,而且效率较高。

凿岩台车在实际施工作业时,如果要打造孔口朝下、深度为 20m 以下的孔,可直接使用钻杆长 3.66m、直径为 7.6cm 的钻头;打造 20~40m 且孔口朝下的孔时,因 20m 以上孔中的渣无法直接用水冲出,则需要接入压力风进入水系统,打孔时先用水冲洗,然后关闭水源开启压力风,将作业遗留石渣吹出洞孔。打造 40m 以上、孔口朝下的洞孔时,首先打造完成 40m 以下的部分,然后进行注浆,用水泥浆对前期洞壁进行稳定。在此基础上继续造孔,每次打造 10m,再次注浆,依据此类方式,最深洞孔可达 80m。

通过对凿岩掘进台车几种施工方法的介绍,可以看出在矿山工程巷道和工程隧道开挖方面,凿岩掘进台车都具有非常突出的特性。随着大型隧道工程项目中先进机械设备的不断应用,人们对凿岩掘进台车施工方法必将有进一步的探索与拓展,因此,凿岩掘进台车必将在这些工程项目中得到更加广泛的应用。

四、凿岩台车的操作、保养制度

1. 凿岩台车的安全操作规程

(1)遵守安全管理规定,树立安全第一的思想,对本岗位安全生产负直接责任。

(2)凿岩台车是专门为井下开挖而设计,所以禁止用台车提升或运输货物,禁止人员攀爬,禁止利用推进梁支撑等。

(3)凿岩台车的操作人员必须熟悉所操作车辆的技术性能、安全要求、操作方法及维护保养规定。了解凿岩爆破、岩石性能等矿山工艺知识;具备用电安全、消防安全的基本知识。

(4)在井下操作台车时,必须要戴安全帽、防护镜,配备连体工作服、防尘防毒面罩等安全设备。

(5)当台车放置或轮班使用时,必须手刹激活和千斤顶顶起。检查紧急停车按钮、灭火器的好坏。

（6）在对任一液压系统进行更换或维护前，必须保证液压系统没有压力。对于电气系统，保证其不带电。高压液体或气可以穿透皮肤造成严重的人身伤害。

（7）在发动机行驶过程中，绝不能离开台车，也绝不能进行维修保养工作。在离开台车前，必须拔掉点火钥匙和蓄电池开关。

（8）添加柴油时，台车应停机。发动机尾气是有毒的，必须保证井下有良好的通风装置。在高温表面、火花或火焰附近，不得使用燃油或其他易燃液体。

（9）及时报告一切原件的损坏及磨损、松动。在故障未排除前，切勿对系统进行操作。

（10）如果有某故障灯亮起，就应停止使用，请维修人员过来检查故障原因。且只有具备相应资格的电工才能对电气系统和高压零件进行维修工作。

（11）每次行走钻进之前必须进行完全的目视安全检查，包括检查整车（液压泵、发动机、油缸等）有无漏油，有无可能会导致液压结构件裂缝，导致相同后果的磨损等。

（12）操作时，尽量减少空冲击，打眼时，必须把顶尖顶到岩石上，然后把钻头顶到岩石上后，再开冲击。

（13）钻机行走且大臂不需要动作时，定位手柄一定要关闭。

（14）操作时，不能使用大臂延伸缸来顶岩石。且大臂延伸缸尽量不要伸出超过 2/3 的位置，否则会损伤延伸筒。

（15）特别注意，推进梁上的油管滑轮必须每班注油，否则滑轮会过早被磨损。

（16）推进梁上的保护钢皮必须用水清洗，切记钢皮上面不能涂黄油润滑，否则会吸附脏物导致过早磨损。

（17）当爆破管更换新油管时，一定要先清洗新油管内部的脏物再安装。避免脏物进入液压系统。

2. 凿岩台车操作规程

（1）启动前检查。

1）检查燃油油位、机油油位、空压机油位、钎尾润滑油油位,必要时加油。

2)检查大臂、推进器各润滑点,必要时及时加注润滑油。

3)检查推进器导轨及推进延伸装置表面清洁及润滑状况,且每班作业前必须清洁及涂抹润滑脂。

4)检查工作机构液压系统胶管有无破损,胶管捆扎、吊挂是否整齐、牢靠。

5)检查推进器钎杆导向衬套和推进器前端圆形橡胶块磨损程度,磨损严重的要及时更换。

6)检查凿岩机油管及牵引钢丝绳张紧情况,油管及钢丝绳是否在各自的槽轮里。

7)检查制动系统各元件有无破损漏油,停车制动器与工作制动器均能可靠工作。要定期检查蓄能器压力。

8)检查液压系统各操作手柄是否完好,对系统的操作是否到位,有无气阻或滞后现象。

9)检查液压系统有无泄漏。

(2)台车的起步与停止。

1)确保电缆盘和配电柜连接牢靠。

2)开车前要先鸣笛。观察台车前后左右,确保车辆附近人员在安全位置,道路通畅无障碍物。

3)起步前,先收回。使之大臂延伸装置,推进导轨与旋转装置垂直,大臂与推进器摆放在合适的位置,既有利于车辆行驶,又不妨碍前进视线。

4)如果台车在前进中需要倒车行驶时,必须待车完全停稳后,再挂倒车档进行。严禁在行驶中挂倒退档位。

5)台车在行驶中,操作人员要注意观察仪表盘上的指示灯,发现问题立即采取措施,以防发生设备事故。

6)台车在行驶中,操作人员要注意周围的环境及车辆运行状态,台车出现气味、温度、声音异常,要及时停车检查。

(3)凿岩前的准备工作。

1)台车进入工作地点时,将电缆头固定牢靠,电缆盘控制手柄放在"0"位,电缆盘处于浮动状态,车辆行驶时电缆能自动放出。人工拖拽时,电缆盘手柄要放在"out"位置,电缆盘转动,电缆放出。

2）到达作业面时,选择合适位置停稳台车,放下四个支腿。

3）连接电源前必须用试电笔在空气开关出线端和进线端测试是否有电,在确认进线端有电、出线端无电的情况下方可连接电缆。

4）接通电源后,要检查电源电压是否符合标准;根据配电柜上的指示灯检查电源相序是否正确,相序不正确要进行处理。用电笔测试检查电缆和车体是否存在漏电,有漏电必须进行处理。

5）通电后,不得徒手拖拽电缆。

6）接通水源冲洗水过滤器。通过水压表检查水压,水泵启动前要求水压不低于6bar。

7）打开车顶工作灯,启动工作油泵。

（4）凿岩作业。

1）对作业面进行安全确认后,调整好大臂与推进梁打眼时的位置,推进梁延伸,顶紧凿岩作业面。

2）打开水阀门,检查水压及流水情况。

3）推动旋转手柄,使钎杆转动。

4）推动凿岩机推进手柄,使钎杆顶住岩面。

5）推动冲击手柄到轻冲击位置,进行开眼作业;眼门未开好,凿岩机可退回重开。

6）钎头进入岩石300mm以上后,可将冲击手柄推到重冲击位置,进行全功率凿岩作业。

7）台车凿眼时,应从上到下依次进行,以防眼被堵塞;打完一个眼,可采用手动操作退回或自动退回凿岩机的方式,并保持转动和供水冲洗。

8）关上水阀,停止钎杆转动,收回推进梁,进行下一个眼作业。

9）凿岩时,要注意观察系统有无泄漏,有无噪声、温度异常等不正常现象,及时判断并做出处理。

10）注意观察凿岩机钎尾处,应有明显的油雾;如有异常抖动,说明凿岩机蓄能器压力不足;注意胶管捆扎和吊挂是否正常;注意液压系统温度是否正常。

11)台车的凿岩作业设有防卡钎系统,凿岩中,钎头被岩石或碎石卡住,防卡钎保护开始动作。未经允许台车司机不允许调整台车的防卡钎压力和推进压力。

12)严禁台车打干眼和打残眼。

13)开凿时,台车前后不得有人逗留。

(5)作业完毕和收车。

1)作业完毕后台车停于指定位置,大臂和推进梁操纵到适当位置,较长时间存放,大臂应支撑或吊挂。

2)使用停车制动器实施停车制动。

3)方向控制手柄放在中位。

4)支起千斤支腿。

5)发动机低速转动3~5min,逐渐降温熄火,关车灯,断电。

6)清洗车辆,打扫好全车卫生。

7)检查车辆,处理故障,按要求做好交接班工作。

(6)出现非正常情况的处置和报告。

1)当设备在运行中出现着火时,司机要在最短的时间内将车停稳,尽快切断动力电源,并用就近的灭火器进行灭火,火势较大,不能扑灭时要立即报告调度室或报火警。

2)当凿岩台车在斜坡道上发生跑车事故时,要立即采用停车制动实施制动,司机不能跳车,同时要抓牢,在台车停稳后,用掩车木掩车。

3)出现人员伤害要立即停止设备。在安全的条件下及时救护,报告工区或生产调度室,同时保护好现场。出现电器伤害要及时切断动力电源,按以上过程实施救护和汇报。

(7)交接班工作。

司机要认真填写《设备点检记录》《凿岩台车运行、交接班记录》。

3. 凿岩台车日常及周期保养规程

(1)整车每班保养要求。

1）检查有无漏油,在每个班工作前,检查所有部件、螺栓是否有松动,如有必须紧固。

2）清洗台车,尤其是凿岩机、推进梁部分。

3）检查所有油(液压油、发动机机油、柴油、润滑油、空压机油等)的油位情况。

4）整车打黄油,尤其是推进梁、大臂、凿岩机部分。

5）检查推进梁上面的转杆橡胶导套,过大后必须进行更换。

6）检查进水虑网,以减少水中杂质。

7）在气温较低时,如整车需放置地表则必须对水泵、冷却器进行放水,保护水泵和冷却器不被冻裂。

8）检查电气部分线路有无松动,检查电压、电流、各液压表的数据有无异常。

(2)凿岩台车周期保养。

每个班次或每天:

1）检查是否有空气和润滑油从钎尾连接与前导套之间,以及前端孔中溢出,检查机头下方的一个孔是否有润滑油溢出。

2）凿岩机每个面都有润滑,包括蓄能器那个面也有润滑。

3）检查液压油管,若有震动,检查蓄能器。

4）检查凿岩机无泄漏,如果有冲洗水从前端孔中溢出,更换机头密封。

5）检查蓄能器测试阀,看有无氮气。

6）凿岩机机头及其他检查,必要时紧固(必须按照手册规定的扭矩拧紧)。

7）检查凿岩机机头前面的导向套与钎尾间隙,超过1mm时就要更换钎尾导套。

每50个冲击小时:

1）拧紧所有螺栓。

2）检查回油蓄能器。

3）放掉氮气,看有无液压油流出。必须重新充氮气(高压 100bar① 左右,低压 25bar 左右)。

每 400 个冲击小时:

干净无尘车间大修(必要时可每 200h 大修一次)。

第四节　中深孔凿岩机械

孔深大于 5m,孔径大于 50mm,为深孔钻爆。

导轨式凿岩机主要用来钻凿中深孔。因孔较深,必须接杆凿岩。也就是说凿岩是随着孔的加深,要用螺纹连接套逐根接长钎杆。炮孔凿完后再逐根使钎杆与连接套分离,将它们从炮孔内取出。为此,转钎机构必须能双向回转,即能带动钎杆正转和反转(装卸钎杆时)。同时,导轨式凿岩机质量都较大,必须装在推进器的导轨上进行凿岩,因此称之为导轨式凿岩机,它与钻架(支柱)或钻车配套使用。

---

① 1bar＝10^5Pa。

第四章

水工建筑物基础开挖

第一节 总 则

(1) 根据《水工建筑物岩石基础开挖工程施工技术规范》(SL 47—1994)及实际情况编制施工方案,适用于1、2、3级水工建筑物的岩石基础开挖工程。

(2) 施工准备时,施工单位应组织人员对施工图纸、技术文件以及相应的工程地质和水文地质资料进行会审,技术部门负责组织设计单位、监理单位等对施工单位进行施工交底。

进行开挖工程施工的人员必须是熟悉开挖工作内容、熟悉设备机械性能和操作技术(针对操作手)、懂得开挖技术和安全防护措施,并且是能正确实施操作的身体健康人员。进行特殊工程作业的人员,还需经专业培训并取得特种作业上岗资格证。

开挖宜选用能满足开挖要求,有铭牌和操作说明书,并具备完善的安全防护措施和保护措施的设备。

(3) 单位必须依据已批准的设计文件、施工图纸的要求,按《水工建筑物岩石开挖工程施工技术规范》(SL 47—1994)的规定编写岩石基础开挖施工组织设计及施工技术措施,并经监理单位(建设单位)批准,提出开工申请报告,方可进行施工。

岩石基础开挖施工组织设计及施工措施内容主要包括:

1) 工程概况;

2) 进度安排;

3）施工布置、施工方法的技术要求；

4）劳动力、材料和设备的需用量；

5）辅助设施；

6）采用新技术、新材料、新工艺和新设备施工的措施；

7）施工质量和施工安全方面的技术要求和措施；

8）存在的问题和解决的办法；

9）其他。

（4）在施工中应加强技术管理，认真贯彻落实技术责任制，施工人员必须按统一表格做好原始施工记录，分析整理、装订成册，存档备查。

（5）在开挖过程中，施工单位应协助原勘测单位按现行《水利水电工程施工地质规程》及业主要求做好施工地质勘测。

（6）在开挖过程中如发现实际地质情况与原资料不符合时，施工单位应及时向业主或监理单位报告，并提出相应的处理方案。施工单位应做好原始的施工记录。

（7）开挖施工应符合《水工建筑物岩石基础开挖工程施工技术规范》(SL 47—1994)和国家颁发的现行有关安全技术规程、劳动保护条例的规定。施工前，应进行安全技术交底，凡不熟悉本业务安全技术规程的技术人员及未受过技术培训和安全教育的人员，都不得参加现场施工和管理。

（8）爆破器材的运输、存贮、加工、现场装药及瞎炮的处理等，均应按有关的安全操作规程执行，选用的爆破材料必须符合国家的有关技术标准，使用前应进行爆破性能检查。新型的爆破材料，也要验证其性能是否符合规定，并经安全技术部门同意，方能使用。

（9）在开挖过程中应采用松动爆破和预裂爆破等控制爆破方法，应尽量避免基础岩石出现爆破裂隙，或使原有构造裂隙的发展超过允许范围以及岩体的自然状态，产生不应有的恶化。

第二节　开挖中的施工测量

（1）施工单位必须按照《水利水电工程施工测量规范》（SL 52—2015）的规定进行基础开挖中的施工测量。

（2）根据施工图纸和施工控制网、点进行测量定线，按照地形测放开口轮廓位置；在施工过程中，检查开挖断面及高程。

（3）测绘、搜集、整理开挖前后的原始资料，包括覆盖层、竣工建基面的纵、横断面图、地形图、基础开挖施工场地布置图及各阶段的开挖面貌图，并负责提供单项工程各阶段和返工后的土石方量资料及有关基础处理的测量工作。

（4）开口轮廓位置和开挖断面的放样应保证开挖规格，其点位中误差应符合下列要求：

1）主体工程部位的基础轮廓点、预裂爆破孔定位点：平面限差 5～10cm，高程限差 10cm；

2）主体工程部位的坡顶点、中间点、非主体工程部位的基础轮廓点、平面及高程限差均为 10cm；

3）土、砂、石覆盖层开挖轮廓点：平面及高程限差均为 20cm。

（5）开挖过程中需在实地放出控制开挖轮廓的坡顶点、转角点或坡脚点，并用醒目的标志加以标定。

（6）开挖部位迫近竣工时，应及时测放基础轮廓点散点高程，并将欠挖部位及尺寸标于实地；必要时实地画出轮廓线，以备验收。

（7）断面测量应平行或垂直于主体建筑物轴线设置断面基线，基线两端点应埋标桩，需设转点时，其距离可用钢卷尺或皮尺实测。开挖中间过程的断面测量，可用经纬仪测量断面桩高程，但在岩基竣工断面测量时，必须以水准测量断面高程。

（8）测量断面间距可根据用途、工程部位和复杂程度在 5～20m 范围内；有特殊要求的部位按设计要求设置。

（9）断面图和地下地形图的比例尺,可根据用途、工程部位以及范围大小在1∶200～1∶1000之间选择。主要建筑物的开挖竣工地形图或断面图,应选用1∶200,收方图1∶500或1∶200为宜,大范围的土石覆盖层开挖收方可选用1∶1000。

（10）开挖放样使用的图纸、记录手册、放样数据、计算资料、工程量计算成果在工程结束后,应分类整理归档。

（11）竣工地形图和断面图须按要求进行整理、归档。重要工程基础上应写出开挖工程量放样总结,作为竣工资料一并归档。

第三节 基 础 开 挖

开挖前,施工单位应仔细研究施工图纸和有关技术文件,若有异议应通过施工单位的技术主管部门提出改进意见,报送业主或监理单位。但在未得到修改通知前,不得随意变更设计进行施工,并应根据已批准的施工组织设计及技术措施合理组织各工序工种间的配合。基础开挖程序见图4-1。

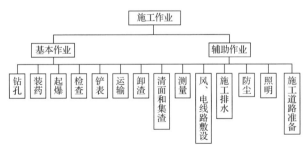

图4-1 基础开挖程序

施工前,应进行爆破试验,选定合适的爆破参数,防止周边建筑物、结构物及其基础产生裂缝及变形,以及以不利地质、地形条件因爆破可能引起大的震裂及滑坡等。

一、合理安排开挖程序，保证施工安全

基础（基坑、岸坡）开挖，通常有好几个工种平行作业，容易引起安全事故，因此，整个基坑开挖程序，要掌握好"先岸坡后河槽，自上而下"的原则，从基础轮廓线的岸坡边缘开始，由上而下，分层开挖，直至河槽部位；河槽部位的开挖，也要分层开挖，逐步下降。同时为了增加开挖工作面，扩大钻眼爆破效果，解决好开挖施工时的基坑排水问题，通常要选择合适的部位，抽槽先进，即开挖先锋槽形成以后，再逐层扩挖下降。先锋槽的位置，一般选在地形较低，排水方便，容易形成出渣运输道路的部位，同时也要考虑水工建筑物的底部轮廓，如截水槽、齿槽部位，常常结合布置先锋槽。一般情况下，不允许采用自下而上或造成岩体倒悬的开挖程序。

1. 选择开挖程序的原则

从整个工程施工的角度考虑，选择合理的开挖程序，对加快工程进度具有重要作用。选择开挖程序时，应综合考虑以下原则：

（1）根据地形条件、建筑物布置、导流方式和施工条件等具体情况合理安排；

（2）把保证工程质量和施工安全作为安排开挖程序的前提，尽量避免在同一垂直窖进行双层或多层作业；

（3）按照施工导截流、拦洪渡汛、蓄水发电等工程总进度要求，分期、分阶段地安排好开挖程序，并注意开挖施工的连续性和考虑后续工程的施工要求；

（4）根据气候变化，选择合理的开挖部位；

（5）对不良地质地段或不稳岩体岸（边）坡的开挖，必须充分重视，做到开挖程序合理，措施得当，保障施工安全。

2. 开挖程序及其适用条件

水利水电工程的岩石基础开挖，一般包括岸坡和基坑开挖。岸坡开挖一般不受季节限制；而基坑开挖则多在围堰的防护下，它是主体工程控制性的关键工序。对于溢洪道或渠道等工程的开挖，如无特殊的要求，则可按渠首、闸室、渠身段、尾水消能段或边坡、底板等部位的石方做分项分段安排，

并考虑其开挖程序的合理性。可参照表 4-1 进行选择。

表 4-1　　　　岩石基础开挖程序及其适用条件

开挖程序	安排步骤	适用条件
自上而下开挖	先开挖岸坡，后开挖基坑；或先开挖边坡，后开挖底板	用于施工场地窄小，开挖量大且集中的工程部位
上下结合开挖	岸坡与基坑或边坡与底板上下结合开挖	用于有较宽阔的施工场地和可以避开施工干扰的工程部位
分期或分段开挖	按施工时段或开挖部位、高程等进行开挖	用于分期导流的基坑开挖或临时过水要求的工程项目

知识链接

　　★未经安全技术论证和主管部门批准，严禁采用自下而上的开挖方式。
　　　　　　　　——《水利工程建设标准强制性条文》
　　　　　　　　　　　　　　　　　（2016年版）

二、及时排除基坑积水、渗水和地表水，确保开挖工作在不受水的干扰之下进行

　　岸坡部位开挖时，要十分注意地表水的排除，在开挖轮廓外围修好排水沟，将地表水引走。河槽部位开挖时，要布置好集水排水系统，配备移动方便的排水设施，及时将积水、渗水排除。

三、统盘规划运输线路，组织好出渣运输工作

　　出渣运输线路的布置要与开挖分层相协调，开挖分层高度，视边坡稳定条件而定，一般在 5～30m 之间，运输线路也要分层布置，将各层开挖工作面的堆渣场或者是通向堆渣场的运输干线连接起来，基础的废渣，最好加以利用，直接运至使用地点，以利于开挖和后续工序的施工。出渣运输工作的组织，应将开挖、运输和堆存统筹考虑，加快开挖进度和降低开挖费用。

四、正确选择开挖方法,保证开挖质量

(1)岩基开挖应根据水工建筑物的开挖深度、范围和开矿以及岩石条件、工程量及施工技术要求选择开挖方法。表4-2 列出了爆破方法的适用条件、优缺点和主要要求。

表 4-2　　爆破方法及其适用条件、优缺点及要求

爆破方法	适用条件	优缺点	主要要求
延长药包梯段微差爆破	广泛用于各种类型石方开挖工程,梯段高度结合开挖分层厚度确定	可减轻爆破地震强度,减少炸药耗用量;提高岩石破碎度和减少飞石	对于地下石方开挖限用于保护层以上的爆破,最大一段起爆药量应不大于 500kg
保护层爆破	适用于各种条件和开挖规格尺寸,保护层厚度根据岩石性质和上一层的爆破方式确定	1. 施工简便易行; 2. 施工耗用劳力多,占用工期长	若保护层厚度大于 1.5m,应分两层钻爆开挖,距建基面 1.5m 以上一层采用手风钻钻孔、微差爆破,最大一段起爆药量不大于 300kg;距建基面 1.5m 以内一层采用手风钻钻斜孔火花爆破,坚硬岩石可钻至建基面孔,但孔深不得超过 50cm,软破碎岩石应留足 20~30cm 撬挖层
预裂爆破	对裂隙率小于 5%的岩石,爆破后一般可获得满意结果。通常配合深孔爆破实现边坡预裂,可配合扇形爆破实现边坡和水平面顶裂	1. 减少开挖层次,缩短施工期; 2. 减轻爆破地震强度,减少超挖量。提高开挖质量; 3. 钻爆工艺复杂,要求钻孔精度高	要求爆破后的预裂缝宽度一般不小于 1cm;壁面不平整度不大于 15cm;孔壁不应产生明显的爆破裂隙且半圆孔壁清晰可见

爆破方法	适用条件	优缺点	主要要求
构槽爆破	常用于齿槽、截水墙先锋槽、渠道等开挖爆破	对槽深小于 6m 的沟可获得较好的爆破效果	对小于 6m 的沟槽可一次爆破成型,(底部预留保护层)最大一段起爆药量不大于 200kg;对大于 6m 的沟槽应采用梯段爆破,最大一段 300kg
药室爆破	经安全技术认证,并有爆破设计,方可使用	爆破规模大,破坏力强	根据岩石性质、爆破设施对象具体设计

分层开挖必须确定适宜分层厚度,即确定爆破梯段和铲装梯段的高度。适宜的分层高度应该是在保证开挖质量和施工安全的前提下,使钻爆和铲装作业有较高的生产率和最少的费用,并且可以满足开挖强度的要求。分层厚度的确定,应根据开挖工程性质、开挖量、开挖范围和深度以及技术和工期要求,结合挖掘机械的工作性能、岩层的稳定性、出渣道路布置条件等因素作综合分析;当设计有平台或马道结构要求时,还应结合其高程进行分析。岩层的类型、适用条件及施工要求见表 4-3。

表 4-3　　　　　岩层类型适用条件及施工要求

类型	适用条件	施工要点
自上而下逐层爆破开挖	开挖深度大于 4m 的基坑;需要有专用的深孔钻机和大斗容、大吨位的出渣机械	先在中间开挖先锋槽(槽宽应大于或等于挖掘机回转半径),然后向两侧扩大开挖
台阶式分层爆破开挖	挖方量大、边坡较缓的岸坡;开挖断面需满足大型施工机械联合作业的空间要求	在坡顶平整场地和在边坡上沿每层开辟施工道路;上下多层同时作业时,应予错开和进行必要的防护
竖向分段爆破开挖	边坡较高、较陡的岸坡	由边坡表面向里,竖向分段钻爆;爆破后的石渣翻至坡脚处,集中出渣

类型	适用条件	施工要点
深孔与药室组合爆破开挖	分层高度大于钻机下沉钻孔深度的岸坡	梯上部布置深孔,梯段下部布置药室
药室爆破开挖	平整施工场地和开辟施工道路为机械施工创造场地条件	开挖 1.6m×1.4m 导洞,在洞内开凿药室

为了保证开挖质量,要求在爆破开挖过程中,防止由于爆破震动的影响而破坏岩基,产生爆破裂缝,或使原有的构造裂隙发展,超过允许范围,恶化岩体自然产状;防止由于爆破作用的影响而损害周围的建筑物;保证岩基开挖的形态符合设计要求,并严格控制基坑的边坡。

(2)特殊的地质构造,如断屋破碎带、软弱夹层,岩溶等,当这些构造埋藏较浅时,采用开挖处理为宜;当这些构造埋藏较深或延伸很远时,开挖处理不仅在技术上有困难,而且在经济上不划算,这就要针对具体情况,提出具体的特殊处理措施和方案。

1)断层破碎带。由于地质构造上的原因所形成的破碎带,有断层破碎带和挤压破碎带,因为经过地质变迁的错动和挤压,其中的岩块往往极度破碎,风化强烈,且有泥质充填物夹在里边,若作为水工建筑物的基础,则必须清理。一般情况下,对于宽度较小或者是封闭的断层破碎带,且延伸不是很深或者走向垂直于水流,变无渗水通道,对基础的影响不是很大,需要清理的深度一般较小,宜采用开挖和回填混凝土的方法,清理时先将一定深度范围内的断层和断层两侧的破碎风化的部位清理干净,直到岩体外露,然后回填混凝土,必要时,需辅以接触灌浆;如果断层带需处理的深度较大,为了克服深层开挖的困难,防止两侧岩体的塌落,可以采用大直径钻头钻孔,钻到需要的深度再回填混凝土,或者挖一层,回填一层,在回填的混凝土中留出继续下挖用的通道,再继续下挖至预定的深度;对于贯穿上下游宽而深的断层破碎带,或深度覆盖河床深槽,宜采用支承的方法,解决深开挖的困难,其水流渗漏,可以通过修筑截水墙和防渗墙,必要时,辅以深孔帷幕灌浆,同时,断层开挖时,可避免爆破振动对周边岩层的影响。

2) 软弱夹层。软弱夹层主要是反映基层面或裂隙面中间强度较低已经泥化的夹层,其处理方法,视夹层的产状和地基的受力而定,对于陡倾角的夹层,而且没有渗水、漏水,除了对基础范围内的夹层进行开挖,回填处理外,还必须进行封闭处理,切断水源通路;对于缓倾角夹层,特别是向下游倾斜的泥化夹层,由于层面的抗剪强度低,若夹层埋藏很深,或夹层下部有足够厚度的支撑岩,并能维持基岩的深层抗滑稳定,则只考虑挖除上游部位的夹层,并进行封闭处理,切断渗水通道;或夹层埋藏很深,该处地基应力的变化不是很显著,也没有深层滑动的危险,则可采用固结灌浆,但夹层内的充填物不易清洗,灌浆效果不理想时,可采用开挖回填混凝土的方法,将夹层封闭在建筑物底下。

3) 岩溶处理。岩溶是可溶性岩层长期受地表水或地下水的溶滤作用后而形成,岩溶形成的溶槽、漏斗、溶洞、岩溶湖、岩溶泉等地质缺陷削弱了岩基的承载能力,形成渗水通道。其处理方法为堵、铺、截、围、导、灌六方面,目的是防止渗漏,从施工角度看,不外乎是开挖、回填、灌浆三种方法,对于处在基坑表面或埋藏较浅的溶洞,可以从地表开挖,清除充填物,回填混凝土;对于在石灰岩中的溶蚀,沿陡倾角埋藏很深,不易直接开挖者,应根据具体情况,或灌浆,或洞挖回填等方法。

4) 不稳定岩坡的观测开挖。在开挖过程中,由于边坡岩体的平衡遭到破坏,坡体应力将重新分布,以求达到新的平衡状态。在新的应力条件下,坡体可能发生局部或整体性的变形、破坏。因此,在施工过程中应加强观测,注意分析不稳定原因,控制边坡变形。

①观测范围:大体积整体岩体的滑动;局部岩体或单独结构节理裂隙和张开裂隙等观测;岩坡表面和深层的滑动。

②开挖措施和要求：在岩体稳定分析的基础上，判明影响边坡稳定的主导因素，对边坡变形、破坏形式和原因作出正确的判断，并且制定可行的开挖措施，以免因工程施工影响和恶化边坡的稳定性。

尽量改善边坡的稳定性。拦截地面水和排除地下水，防止边坡稳定恶化。可在边坡变形区以外 5m 开挖截水天沟和变形区以内开挖排水沟，拦截和排除地表水。同时可采用喷浆、勾缝、覆盖等方式保护坡体不受渗水侵害。对于地下水的排除，可根据岩体结构特征水文地质条件，采用平洞排水小于 10～150mm 的钻孔排水；对于有明显含水层可能产生深层滑动的边坡，可采用平洞排水。对于不稳定型边坡开挖，可先做稳定处理，然后进行开挖。例如采用抗滑挡墙、抗滑桩、加筋桩、预应力锚索以及灌浆等方法；必要时边挡护边开挖。尽量避免雨季施工，并力争一次处理完成。确需雨季施工，需采取临时封闭措施。

按照"先坡面，后坡脚"自上而下的开挖程序施工，并限制坡比，坡高要在允许范围内，必要时增设马道。开挖时，注意不切断层面或楔体棱线，不使滑体悬空而失去支撑作用。坡高应尽量控制到不涉及有害软弱面和不稳定岩体。

控制爆破规定，应不使爆破振动附加动荷载，使边坡失稳。为避免造成过多的爆破裂隙，开挖邻近最终边坡时，应采光面、预裂爆破，必要时改用小炮、风镐或人工撬挖。

③不稳定岩体的开挖方式。一次削坡开挖。主要用于开挖边坡高度较低的不稳岩体，如开挖溢洪道或渠道边坡。其施工要点是由坡面至坡脚顺面开挖，即先降低滑体高度，再循序向里开挖。

分段跳槽开挖。主要用于有支挡（如挡土墙、抗滑桩）要求的边坡开挖。其施工要点是开挖一段支挡一段，且分段跳开挖。

分台阶开挖。在坡高较大时，采用分层留出平台或马道以提高边坡稳定性。对软弱岩石，其最大误差应由设计和施工单位共同议定；对于坚硬或中等坚硬的岩石，其最大误差应符合下列规定：

　　a. 平面高程一般不大于 0.2m；

　　b. 边坡依据开挖台阶高度而异：8m 以内时，应不大于 0.2m；8～15m 时，应不大于 0.3m；16～30m 时，应不于 0.5m。

　　c. 若有结构要求时，不允许欠挖。

　　（3）为保证基岩分层爆破开挖时周边岩体不受破坏，应按留足保护层的方式进行开挖。分层厚度，视爆破方式、挖掘机的性能而定。

　　（4）保护层以上或以外的岩体，与一般分层钻眼梯段爆破基本相同。若不具备梯段地形时，则应先平地拉槽毫秒起爆，创造梯段爆破条件，因此，在进行梯段爆破时，应选择合适的梯段高度爆破参数、炸药单耗量。应采用延长药包梯段爆破，毫秒分段起爆，控制最大一段起爆药量。

　　（5）保护层的开挖是控制基础质量的关键，宜选用预裂爆破或光面爆破，合理布孔、合理装药、合理起爆。对于较弱破碎岩层，应留出 20～30cm 撬挖层。

　　（6）基础开挖过程中，对设计开口线外坡面、岸坡和坑槽开挖壁面等，若有不安全因素，必须进行处理并采取相应的防护措施。同时，随着开挖高程的下降，对坡面应及时测量检查，防止超欠挖，避免在形成高边坡后再进行坡面处理。

　　五、合理组织弃渣的堆放

　　充分利用开挖的土石方，既避免二次倒运，打乱施工总体布置，又节省投资。同时，影响渡汛安全及含有害物质的废渣不准放在河床中，以免污染河水。

第四节　钻孔爆破注意事项

　　（1）保护层的开挖是控制基础质量的关键，其垂直方向保护层的开挖爆破应符合下列要求：

　　1）用大孔径、大直径药卷爆破留下的较厚保护层，距建基面 1.5m 以上部分仍可采用中、小直径及相应直径的药卷进行梯段毫秒爆破。

2）对于中、小直径药卷爆破留下的保护层厚度，仍应不小于规定的相应药卷直径的倍数，并不得小于1.5m。

3）紧靠建基面1.5m以上的一层，采用手风钻钻孔，仍可用毫秒分段起爆，其最大一段起爆药量应不大于300kg。

（2）建基面上1.5m以内的岩基方向保护层，其钻孔爆破，应遵守下列规定：

1）采用手风钻逐层钻孔装药，火花起爆，其药卷直径不得大于32mm，散装药加工的药卷直径，不得大于36mm。

2）最后一层炮孔孔底高程的确定：

①对于坚硬、完整岩基，可以钻至建基面终孔，但孔深不得超过50cm。

②对于软弱、破碎岩基，则应留足20～30cm的撬挖层。

第五节 基础质量检查及验收

1. 基础质量检查

（1）岩石基础开挖工程质量检查包括保护层和地质弱面的清理，但并不包括混凝土浇筑前的冲洗、排水和少量碎渣、杂物的清理。

（2）施工单位应向施工人员进行技术交底和明确质量要求。以利于施工人员掌握质量标准和贯彻内部三检制、监理年检制。

1）保护层的厚度一般不小于1.5m，而且必须采用浅孔、密孔、少药量、火炮爆破开挖，严格控制炮孔深度和装药量，应自上而下进行，分层分块检查处理，并认真做好原始记录。

2）爆破开挖应按《水工建筑物岩石基础开挖工程施工技术规范》（SL 47—1994）要求进行，建基面无松动岩块、小块悬挂体、裂隙光面、陡倾尖角等。

3）坑槽、孔洞开挖壁面，应按设计或开挖措施的要求进行处理。

4）断层、夹泥裂隙密集带应按规定部位开挖，其深度为宽度的1～1.5倍，并清除破碎、夹泥层或按设计规定处理；

软弱夹泥厚度大于 5cm 者,挖至新鲜岩层或设计规定的深度;岩溶洞穴应按设计要求处理完毕。

5) 多组切割不稳定岩体,应按设计要求进行处理。

6) 地基和岸坡清理及处理应无杂草、杂物,有害裂隙、洞穴已处理,坑洞已分层回填并夯实,符合地质要求,预留保护层已挖除,坡度符合设计要求。

7) 坝体与岸坡必须采用斜面连接,严禁将岸坡清理成台阶式,更不允许有反坡。

8) 截水槽地基的泉眼渗水已处理,岩石冲洗洁净,无积水,其坡度符合设计要求。

9) 开挖后的建基轮廓不应出现反坡(结构本身许可者除外);若出现反坡时,应处理成顺坡;对于陡坎,应将其顶部削成钝角或圆滑状。对于坚硬岩石撬掉有困难,经验收小组同意,可用密集浅孔装微量炸药爆破,或采取结构处理措施。

10) 建基面应整修平整,不能出现大的起伏差,在坝基斜坡或陡崖部分的混凝土坝体伸缩缝下的岩基,应严格按设计整修。

11) 建基面如有风化、破碎或含有有害矿物的岩脉,软弱夹层和断层破碎带以及裂隙发育和具有水平裂隙等,均应用人工或风镐挖至设计要求的深度。

12) 建基面附有的方解石薄脉、黄锈(氧化铁)、氧化锰、碳酸钙和黏土等,经设计、地质人员鉴定,认为影响基岩与混凝土结合时,都应清除。

13) 建基面经锤敲击检查,松石、活石都已全部清除干净。

14) 在外界介质作用下破坏很快的软弱基础建基面或地基岸坡清理后,当上部建筑物来不及覆盖时,应进行专门的技术措施处理或预留保护层,其厚度根据地质及施工条件确定。

15) 建基面上若有地下水时,应及时采取有效措施妥善处理,避免新浇筑的混凝土受到损害。

16) 基础的超欠挖应符合表 4-4 的要求。

表 4-4   **基础超欠挖要求**

项次	项　　目		允许偏差/cm	
			欠挖	超挖
1	基坑(槽)无结构要求或 无配筋预埋件等	坑(槽)长或宽 5m 以内	10	20
		坑(槽)长或宽 5～10m	20	30
		坑(槽)长或宽 10～15m	30	40
		坑(槽)长或宽 15m 以上	30	50
2	基坑(槽)无结构要求或 有配筋预埋件等	坑(槽)底部标高	10	20
3	基坑(槽)无结构要求或 有配筋预埋件等	垂直或斜面平整度	20	
4	基坑(槽)无结构要求或 有配筋预埋件等	坑(槽)长或宽 5m 以内	0	10
		坑(槽)长或宽 5～10m	0	20
		坑(槽)长或宽 10～15m	0	30
		坑(槽)长或宽 15m 以上	0	40

注：1. 某些特殊部位,如结构设计不允许欠挖,则考虑超挖因素,允许超挖尺寸应由设计、施工共同确定;

2. 需要立模的周边部位,其允许超挖尺寸由设计、施工共同确定;

3. 垂直或斜面平整度,按 2m 直尺检查;

4. 表中所列允许偏差值系个别欠挖的部位(面积不大于 0.5m²)的平均值(地质原因除外)。

2. 基础质量验收

(1)基础开挖完毕后,施工单位应及时报告验收小组进行基础验收,先由验收小组进行现场鉴定,若没有需要处理的地质问题和缺陷,方可开始整修;整修完毕后,再由验收小组进行验收,经验收合格后,施工单位测绘竣工地形图,施工地质的勘测单位测绘竣工地质图,并由验收小组成员会签"基础开挖联合检查验收单",方可进入下道工序的施工,同时将"基础开挖联合检查验收单"报验收委员会存档。在地质、地形图测绘之前,不得浇筑混凝土。

(2)在施工期间应做下列原始施工记录:

1)钻孔爆破施工及爆破试验和观测记录;

2)施工方法,机械化程度,劳动组合;

3）机械生产效率及材料消耗量；

4）施工中发生的重大问题及处理措施；

5）各阶段的施工进度及完成的工程量；

6）质量检查情况和验收小组对工程质量的评价；

7）地质素描图、竣工断面图。

（3）整个基础验收过程中，要及时做好下列竣工资料，作为在全部工程竣工后的移交资料。

1）基础竣工地形图；

2）与施工详图同位置、同比例的竣工开挖断面图；

3）基础竣工地质报告，地质素描图及主要工程照片和录像；

4）基础竣工报告，竣工报告主要反映与质量有关的开挖爆破，基础处理部分及其质量评价；

5）开挖设计图纸及设计文件，包括修改通知和修改图；

6）"基础开挖联合检查验收单"整理成册；

7）基础开挖工程的施工技术总结；

8）原始记录资料整理归档。

第六节　地基的处理方法

利用软弱土层作为持力层时，可按下列规定执行：

（1）淤泥和淤泥质土，宜利用其上覆较好土层作为持力层，上覆土层较薄时，应采取避免施工时对淤泥和淤泥质土扰动的措施；

（2）冲填土、建筑垃圾和性能稳定的工业废料，当均匀性和密实度较好时，均可利用作为持力层；

（3）有机质含量较多的生活垃圾和对基础有侵蚀性的工业废料等杂填土，未经处理不宜作为持力层。局部软弱土层以及暗塘、暗沟等，可采用基础梁、换土、桩基或其他方法处理。在选择地基处理方法时，应综合考虑场地工程地质和水文地质条件、建筑物对地基要求、建筑结构类型和基础型式、周围环境条件、材料供应情况、施工条件等因素，经过技术经济指标比较分析后择优采用。

地基处理设计时,应考虑上部结构、基础和地基的共同作用,必要时应采取有效措施,加强上部结构的刚度和强度,以增加建筑物对地基不均匀变形的适应能力。对已选定的地基处理方法,宜按建筑物地基基础设计等级,选择代表性场地进行相应的现场试验,并进行必要的测试,以检验设计参数和加固效果,同时为施工质量检验提供相关依据。

经处理后的地基,当按地基承载力确定基础底面积及埋深而需要对地基承载力特征值进行修正时,基础宽度的地基承载力修正系数取零,基础埋深的地基承载力修正系数取1.0;在受力范围内仍存在软弱下卧层时,应验算软弱下卧层的地基承载力。对受较大水平荷载或建造在斜坡上的建筑物或构筑物,以及钢油罐、堆料场等,地基处理后应进行地基稳定性计算。结构工程师需根据有关规范分别提供用于地基承载力验算和地基变形验算的荷载值;根据建筑物荷载差异大小、建筑物之间的联系方法、施工顺序等,按有关规范和地区经验对地基变形允许值合理提出设计要求。地基处理后,建筑物的地基变形应满足现行有关规范的要求,并在施工期间进行沉降观测,必要时尚应在使用期间继续观测,用以评价地基加固效果和作为使用维护依据。复合地基设计应满足建筑物承载力和变形要求。地基土为欠固结土、膨胀土、湿陷性黄土、可液化土等特殊土时,设计要综合考虑土体的特殊性质,选用适当的增强体和施工工艺。复合地基承载力特征值应通过现场复合地基载荷试验确定,或采用增强体的载荷试验结果和其周边土的承载力特征值并结合《建筑地基基础规范》确定。

常用的地基处理方法有:换填垫层法、强夯法、砂石桩法、振冲法、水泥土搅拌法、高压喷射注浆法、预压法、夯实水泥土桩法、水泥粉煤灰碎石桩法、石灰桩法、灰土挤密桩法和土挤密桩法、柱锤冲扩桩法、单液硅化法和碱液法等。

(1)换填垫层法适用于浅层软弱地基及不均匀地基的处理。其主要作用是提高地基承载力,减少沉降量,加速软弱土层的排水固结,防止冻胀和消除膨胀土的胀缩。

(2)强夯法适用于处理碎石土、砂土、低饱和度的粉土与黏性土、湿陷性黄土、杂填土和素填土等地基。强夯置换法适用于高饱和度的粉土,软-流塑的黏性土等地基上对变形控制不严的工程,在设计前必须通过现场试验确定其适用性和处理效果。强夯法和强夯置换法主要用来提高土的强度,减少压缩性,改善土体抵抗振动液化的能力和消除土的湿陷性。对饱和黏性土宜结合堆载预压法和垂直排水法使用。

(3)砂石桩法适用于挤密松散砂土、粉土、黏性土、素填土、杂填土等地基,提高地基的承载力和降低压缩性,也可用于处理可液化地基。对饱和黏土地基上变形控制不严的工程也可采用砂石桩置换处理,使砂石桩与软黏土构成复合地基,加速软土的排水固结,提高地基承载力。

(4)振冲法分加填料和不加填料两种。加填料的通常称为振冲碎石桩法。振冲法适用于处理砂土、粉土、粉质黏土、素填土和杂填土等地基。对于处理不排水抗剪强度不小于 20kPa 的黏性土和饱和黄土地基,应在施工前通过现场试验确定其适用性。不加填料振冲加密适用于处理黏粒含量不大于 10% 的中、粗砂地基。振冲碎石桩主要用来提高地基承载力,减少地基沉降量,还可用来提高土坡的抗滑稳定性或提高土体的抗剪强度。

(5)水泥土搅拌法分为浆液深层搅拌法(简称湿法)和粉体喷搅法(简称干法)。水泥土搅拌法适用于处理正常固结的淤泥与淤泥质土、黏性土、粉土、饱和黄土、素填土以及无流动地下水的饱和松散砂土等地基。不宜用于处理泥炭土、塑性指数大于 25 的黏土、地下水具有腐蚀性以及有机质含量较高的地基。若需采用时必须通过试验确定其适用性。当地基的天然含水量小于 30%(黄土含水量小于 25%)、大于 70% 或地下水的 pH 值小于 4 时不宜采用本法。连续搭接的水泥搅拌桩可作为基坑的止水帷幕,受其搅拌能力的限制,该法在地基承载力大于 140kPa 的黏性土和粉土地基中的应用有一定难度。

（6）高压喷射注浆法适用于处理淤泥、淤泥质土、黏性土、粉土、砂土、人工填土和碎石土地基。当地基中含有较多的大粒径块石、大量植物根茎或较高的有机质时，应根据现场试验结果确定其适用性。地下水流速度过大、喷射浆液无法在注浆套管周围凝固等情况不宜采用。高压旋喷桩的处理深度较大，除地基加固外，也可作为深基坑或大坝的止水帷幕，目前最大处理深度已超过 30m。

（7）预压法适用于处理淤泥、淤泥质土、冲填土等饱和黏性土地基。按预压方法分为堆载预压法及真空预压法。堆载预压分塑料排水带或砂井地基堆载预压和天然地基堆载预压。当软土层厚度小于 4m 时，可采用天然地基堆载预压法处理，当软土层厚度超过 4m 时，应采用塑料排水带、砂井等竖向排水预压法处理。对真空预压工程，必须在地基内设置排水竖井。预压法主要用来解决地基的沉降及稳定问题。

（8）夯实水泥土桩法适用于处理地下水位以上的粉土、素填土、杂填土、黏性土等地基。该法施工周期短、造价低、施工文明、造价容易控制，目前在北京、河北等地的旧城区危改小区工程中得到不少成功的应用。

（9）水泥粉煤灰碎石桩（CFG 桩）法适用于处理黏性土、粉土、砂土和已自重固结的素填土等地基。对淤泥质土应根据地区经验或现场试验确定其适用性。基础和桩顶之间需设置一定厚度的褥垫层，保证桩、土共同承担荷载形成复合地基。该法适用于条基、独立基础、箱基、筏基，可用来提高地基承载力和减少变形。对可液化地基，可采用碎石桩和水泥粉煤灰碎石桩多桩型复合地基，达到消除地基土的液化和提高承载力的目的。

（10）石灰桩法适用于处理饱和黏性土、淤泥、淤泥质土、杂填土和素填土等地基。用于地下水位以上的土层时，可采取减少生石灰用量和增加掺和料含水量的办法提高桩身强度。该法不适用于地下水下的砂类土。

（11）灰土挤密桩法和土挤密桩法适用于处理地下水位以上的湿陷性黄土、素填土和杂填土等地基，可处理的深度为 5～15m。当用来消除地基土的湿陷性时，宜采用土挤密桩法；当用来提高地基土的承载力或增强其水稳定性时，宜采用灰土挤密桩法；当地基土的含水量大于 24%、饱和度大于 65%时，不宜采用这种方法。灰土挤密桩法和土挤密桩法在消除土的湿陷性和减少渗透性方面效果基本相同，土挤密桩法地基的承载力和水稳定性不及灰土挤密桩法。

（12）柱锤冲扩桩法适用于处理杂填土、粉土、黏性土、素填土和黄土等地基，对地下水位以下的饱和松软土层，应通过现场试验确定其适用性。地基处理深度不宜超过 6m。

（13）单液硅化法和碱液法适用于处理地下水位以上渗透系数为 0.1～2m/d 的湿陷性黄土等地基。在自重湿陷性黄土场地，对 Ⅱ 级湿陷性地基，应通过试验确定碱液法的适用性。

（14）在确定地基处理方案时，宜选取不同的多种方法进行比选。对复合地基而言，方案选择是针对不同土性、设计要求的承载力提高幅度、选取适宜的成桩工艺和增强体材料。

第七节　灌　浆　工　程

一、固结灌浆

固结灌浆是为改善节理裂隙发育或有破碎带的岩石的物理力学性能而进行的灌浆工程。其主要作用是：①提高岩体的整体性与均质性；②提高岩体的抗压强度与弹性模量；③减少岩体的变形与不均匀沉陷。

对混凝土重力坝，多进行坝基全面积固结灌浆；对混凝土拱坝或重力拱坝，还要对受力较大的坝肩拱座岩体进行固结灌浆；对水工隧洞，常在衬砌后进行岩体固结灌浆。在破碎的岩层中开挖隧洞时，为避免岩体坍塌或集中渗漏，可在开挖前进行一定范围内的斜孔或水平孔超前固结灌浆。在土石坝防渗体底部设置混凝土垫层时，也常对垫层下部岩体进行固结灌浆。为保证灌浆质量，需在岩基表面浇筑混凝土盖板或有一定厚度的混凝土后才进行固结灌浆。

岩石地质条件复杂时,一般先进行现场固结灌浆试验,确定技术参数(孔距、排距、孔深、布孔形式、灌浆次序、压力等)。浅层固结灌浆孔多用风钻钻孔;深层孔多用潜孔钻或岩心钻钻孔。平面布孔形式有梅花形、方格形和六角形。排距和最终孔距一般为3～6m,按逐渐加密方法钻灌。灌浆材料以水泥浆液为主,在岩石节理、裂隙发育地段,吃浆量很大时,常改灌水泥砂浆。灌浆时先从稀浆开始,逐渐变浓,直至达到结束标准。灌浆全部结束后,对固结效果的检查方法有:①钻检查孔进行压水试验和岩心检查;②测定弹性波速与弹性模量;③必要时开挖平洞或竖井直观检查。

二、接触灌浆

接触灌浆是在岩石上或钢板结构物四周浇筑混凝土时,混凝土干缩后,对混凝土与岩石或钢板之间形成缝隙的灌浆方式。

接触灌浆的主要作用是:填充缝隙,增加锚着力和加强接触面间的密实性,防止漏水。在岩石地基上建造混凝土坝,当混凝土体积收缩后,两者之间会产生缝隙,对于这类缝隙需要进行接触灌浆。在岩石比较平缓部位,接触灌浆常与岩石中的帷幕灌浆结合进行,将坝体混凝土与岩石的接触部位,作为一个灌浆段,段长不超过2m,单独进行灌浆。在坝肩岩石边坡陡于45°的部位,接触灌浆的设计和灌浆方法与接缝灌浆类似,采用预理灌浆盒或其他方法,也有的采用浇筑混凝土后再钻孔的方法,主要是需在接触部位形成出浆点或出浆线,也设有进浆管、回浆管、排气管。待混凝土达到设计规定的温度后,即进行灌浆。在钢管或钢板结构物周围浇筑混凝土,当混凝土体积收缩后,两者间同样地会产生缝隙,对此缝隙也要进行灌浆。

接触灌浆的施工程序为:

(1) 在钢板上锤击检查,画出脱空区。

(2) 视脱空区面积的大小,确定孔数,布置孔位。每个脱空区至少布置两个孔,其中一个为灌浆孔,靠近脱空区的底部,另一个为排气孔,位于脱空区的顶部。

（3）钻孔。

（4）灌浆。灌浆施工自下端开始,逐渐向上。为了防止浆液沉积析水,致使浆体凝固后仍留有空隙,故采用浓的水泥浆灌注。

三、回填灌浆

回填灌浆是在混凝土衬砌的背面或回填混凝土周边对混凝土浇筑未能浇实留有空隙的部位的灌浆。灌浆可使一、二次混凝土体结合为整体,还可加固土体、回填空隙,共同抵御外力,防止渗漏,因此称为回填灌浆。回填灌浆的目的是对隧洞混凝土衬砌或支洞堵头顶部缝隙作灌浆填充。其施工程序及注意事项如下:

（1）回填灌浆在衬砌混凝土达到设计强度的 70% 后,尽早进行。

（2）回填灌浆,采用风钻在台架钻孔。在双层钢筋衬砌段、钢板衬砌段及施工支洞封堵段应预埋灌浆管。回填灌浆孔（管）位置与设计孔位偏差不大于 20cm,其钻孔深入围岩 10cm。

（3）回填灌浆一般分二序进行。一序孔灌注水灰比为0.6∶1（或 0.5∶1）的水泥浆;二序孔为灌注 1∶1 和 0.6∶1（或 0.5∶1）两个比级的水泥浆,空隙大的部位灌注水泥砂浆,掺砂量不宜大于水泥重量的 2 倍。

（4）当采用模板台车,泵送混凝土后一般回填灌浆量大,拟采用 TBW-SO/15 注浆泵,最大压力 1.5MPa,排量 50L/min,电机功率 2.2kW（或采用 HB8-3 型灌浆机,最大工作压力 1.47MPa,排量 $3m^3/h$ 排出管径 38mm,电机功率2.8kW）。采用与之匹配的立式搅拌机,转速 40～80r/min。立式搅拌机结构简单,放料速度快,使用方便。

（5）在设计规定压力下（设计无规定注浆压力一般采用0.3MPa）,当注浆孔停止吸浆时,回填灌浆即可结束。

（6）隧洞顶部倒孔灌浆结束后,先关闭孔口闸阀后再停机,孔内无反浆即可拆除孔口闸阀。

（7）灌浆结束后，排除孔内积水污物后封孔并抹平。

四、堵漏

采用高压灌注法进行止水堵漏，是发达国家堵漏剂使用的新型工艺。高压灌浆堵漏剂是一种低黏度单组分合成高分子聚氨酯材料，形态为浆体，它有遇水产生交联反应，发泡生成多元网状封闭弹性体的特征。

当它被高压注入到混凝土裂缝结构延展直至将所有缝隙（包括肉眼难以觉察的）填满，遇水后（注水）伴随交联反应，释放大量二氧化碳气体，产生二次渗压，高压推力与二次渗压将弹性体压入并充满所有缝隙，达到止漏目的，可以说是堵漏材料性能中最好的一种。

五、帷幕灌浆

帷幕灌浆是大坝基础处理的主要方式之一。在大坝浇到一定高程后，通过设在坝体内的廊道展开帷幕灌浆施工。由于施工部位"深藏"在大坝"体内"，外人看不到施工场面；又由于工程形象"深藏"在大坝基岩深处，更是肉眼无从观测，帷幕灌浆工程被称为"看不见的战线"。

在帷幕灌浆时，先导孔就是在不同的设计位置先定几个设计孔位，钻孔结束后暂不进行灌浆，先进行压水试验，确定地层的透水系数（即 Lu 值）是否与前期设计情况相接近，试验完成后再进行灌浆，先导孔一般都是作为后期的生产孔。

按防渗帷幕的灌浆孔排数分为两排孔帷幕和多排孔帷幕。地质条件复杂且水头较高时，多采用 3 排以上的多排孔帷幕。按灌浆孔底部是否深入相对不透水岩层划分，深入的称封闭式帷幕，不深入的称悬挂式帷幕。

工作内容主要有：①查清工程地质与水文地质情况；②进行现场灌浆试验，以确定灌浆方法、压力、孔距、排距、材料、质量标准与检查方法，并论证灌浆效果；③确定帷幕轴线位置、帷幕深度、厚度（排数）及平面上的长度；④为以后对帷幕的检查或补强加固创造条件。帷幕灌浆使用的胶凝材料主要是水泥，特殊情况时使用高分子化学溶液，对砂砾石地基多用水泥黏土浆液。混凝土坝岩基帷幕灌浆都在两岸坝肩平洞和坝体内廊道中进行。土石坝岩基帷幕灌浆,有的先在岩基顶面进行,然后填筑坝体;有的在坝体内或坝基内的廊道中进行,其优点是与坝体填筑互不干扰,竣工后可监测帷幕运行情况,并可对帷幕补灌。帷幕灌浆的钻孔灌浆按设计排定的顺序,逐渐加密。两排孔或多排孔帷幕,大都先钻灌下游排,再钻灌上游排,最后钻灌中间排。同一排孔多按3个次序钻灌。灌浆方法均采用全孔分段灌浆法。

灌浆压力是指装在孔口处压力表指示的压力值。岩石帷幕灌浆压力,表层不宜小于1～1.5倍水头,底部宜为2～3倍水头。砂砾石层帷幕灌浆压力尽可能大些,以不引起地面抬动或虽有抬动但不超过允许值为限。一般情况,灌浆孔下部比上部的压力大,后序孔比前序孔压力大,中排孔比边排孔压力大,以保证幕体灌注密实。灌浆开始后,一般采用一次升压法,即将压力尽快升到设计压力值。当地基透水性较大,灌入浆量很多时,为限制浆液扩散范围,可采用由低到高的分级升压法。在幕体中钻设检查孔进行压水试验是检查帷幕灌浆质量的主要手段,质量不合格的孔段要进行补灌,直至达到设计的防渗标准。

第五章

地下工程钻爆法开挖

第一节　新奥法基本知识

一、新奥法简介

新奥法是一种在岩质、土砂质中的地下洞室围岩内形成环形支护结构的隧道设计施工的方法。特别在软弱、破碎和强度很低的岩层中修建地下洞室,新奥法比传统方法可以取得更好的技术经济效果。

采用新奥法修筑地下隧道时,锚杆和喷射混凝土是其主要支护手段,在支护过程中,施工支护要具有适当的柔性,如果刚度过大,不允许围岩有适量的变形,则要承受与变形压力呈平衡状态的支护抗力。而支护时机则需通过现场量测围岩变形的结果来确定。因此,锚杆支护、喷射混凝土支护和现场量测被誉为新奥法的"三大支柱"。

二、新奥法的施工

1. 施工程序

(1) 开挖。有掘进机开挖和钻爆开挖。"新奥法"施工,应适时的进行一次支护。为保护围岩的天然承载力,一次支护的喷锚作业应尽快进行。在条件较差的围岩中,为争取时间,往往出渣作业在喷混凝土之后进行。

(2) 一次支护。一次支护作业的内容依次包括:一次喷混凝土、安锚杆、铺钢筋网,立拱架与二次喷混凝土等。一次喷混凝土厚3~5cm,二次喷到设计厚度,并将金属网、钢拱架均埋在二次喷层内。完成一次支护作业的时间非常重要,一般应在岩体开挖后,自稳定时间的一半时间内完成。对中硬岩石应在爆破后 2～3h 内完成。对地质条件差的还应缩短。

（3）预支护。在地质条件很差的破碎带或膨胀性地层中开挖隧洞时，在开挖面前方 2 倍洞径范围内，岩体因爆破而被扰动甚至松动，为了延长岩体自稳时间，可对该部位岩石进行预支护。其方法：在开挖面的斜上方，打设锚杆后再开挖；在开挖面上喷上一层混凝土封闭后再开挖；在掌子面上打直锚杆预支护后再开挖；采用筐栅法进行预支；采用密排板桩法进行预支等。

（4）预加固。对特别差的围岩，用上述预支护办法仍不行时，可采用预加固的办法处理，如采用化灌法或冰结法等。

（5）结构防水层。防水层加在一次支护与二次支护之间。

（6）二次支护。一次支护完成后，经过 2～6 个月以后，开始用模注混凝土构筑二次支护。二次支护必须在围岩全部稳定后进行，一般通过围岩变位量测和内空变位量测来确定。

2. 锚杆施工

（1）锚杆种类与型式。为加固岩体而锚固在岩体内的杆件叫锚杆。锚杆按材料可分为木锚、竹锚及金属锚杆（楔缝式、胀壳式、钢丝绳砂浆、钢筋砂浆等）。按照锚固的机理，又可分为机械性锚杆和胶结型锚杆等，如表 5-1 所示。

表 5-1　　　　　　　锚杆种类与型式

锚固方法	锚固装置	锚杆型式	说　　明
点锚固	机械锚固	楔缝式 单楔形 双楔形	适用中等坚硬岩石，锚固强度可达 10tf/m^2 以上
		胀圈式 楔缝胀圈混合型 单胀圈型 双胀圈型 异型胀圈型	中硬或中硬以下岩石，锚固强度比楔缝型大，可重复利用
		扩孔式 炸药爆炸固定型 机械扩孔固定型	适用松散或膨胀性岩石，对防止隧洞底鼓最有效
	胶结锚固	砂浆锚固 化学材料锚固	适用于永久性支护，对加固围岩、控制变形有显著效果

锚固方法	锚固装置	锚杆型式		说　明
全孔胶结锚固	砂浆胶结	砂浆胶结	钢筋型 钢丝绳型 钢管压浆型	有锚杆和压浆两种安装方法
	化学材料胶结	树脂-钢筋型 树脂-玻璃纤维型		材料多用环氧树脂和聚酯树脂
锚杆桁架支护				据洞室宽度可用两根以上锚杆,用横向钢构件连结,并施加预应力

(2) 锚杆施工程序。由于锚杆的种类很多,现仅就常用的砂浆锚杆的施工,作如下介绍,如图 5-1 所示。

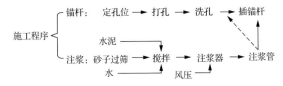

图 5-1　锚杆施工程序

备注:虚线表示先向孔内注浆后插筋,实线表示先插筋后注浆。

(3) 注浆方法真空压力灌浆见图 5-2。

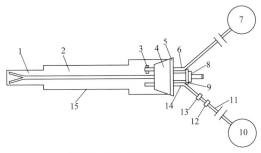

图 5-2　真空灌浆装置示意图

1—20 锚杆;2—砂浆;3—纱布包扎;4—橡皮封闭塞;5—垫板;6—抽气管;
7—真空泵;8—螺帽;9—套筒;10—灰浆泵;11—高压软管;12、13—阀门;
14—灌浆管;15—输浆胶管

（4）锚杆的锚固力。不同锚杆型号、不同锚固长度的锚固力见表5-2。

表 5-2　　不同锚杆型号、不同锚固长度的锚固力

组序	锚杆直径 /mm	锚杆长 /cm	水泥：砂	水灰比	龄期 /d	平均锚固力[①] /tf	说明
1	$\phi22$	30	1：1	0.35	14	9.88	
2	$\phi22$	40	1：1	0.35	14	9.58	
3	$\phi22$	50	1：1	0.35	14	10.00	锚杆未变形
4	$\phi22$	30	1：0.75	0.35		18.00	锚杆未变形
5	$\phi22$	40	1：0.75	0.35		13.00	锚杆未变形
6	$\phi22$	10	1：0.5	0.35	21	10.40	
7	$\phi25$	20	1：0.5	0.35	21	18.00	丝扣拉断
8	$\phi25$	30	1：0.5	0.35	21	18.00	
9	$\phi25$	10	1：0.5	0.35	21	4.00	锚杆滑移
10	$\phi25$	20	1：0.5	0.35	21	5.50	
11	$\phi25$	30	1：0.5	0.35	21	13.10	

① 1ft=9.8kN。

3. 喷射混凝土施工

喷射混凝土施工，是将水泥、砂、石和外加剂等材料按照一定比例混合后，并以每秒钟100m左右的速度，压送到喷射头的喷嘴处与水混合（干喷），或直接拌和成混凝土（湿喷），然后再喷到围岩表面及裂缝中，使之起到支护作用。它的主要支护作用是水泥浆把岩石裂隙填充并黏结起来，使得围岩加固，从而提高了围岩的黏聚力和内摩擦角。

（1）喷射混凝土原材料。

1）水泥：要求水泥掺入速凝剂后凝结快、保水性能好、早期强度高及后期强度损失小。因此，一般用500号以上的普通硅酸盐水泥较好。由于火山灰水泥和矿渣水泥凝结硬化慢、早强低及干硬后易裂等原因，一般不宜采用。

2）骨料：包括砂子和小石。砂子一般使用细度模数为3左右，平均粒径为0.35～0.5mm的粗砂较好。小石、卵石或碎石均可。其中,含泥量不得大于2%,针片状含量不得超过15%,卵石粒径不大于25mm,碎石粒径不大于20mm。目前国外一些人认为粗骨料小于10mm强度较高,甚至主张只用粗砂。

3) 水:喷头处的混合用水,只要不含酸、碱的侵蚀水均可使用。

4) **速凝剂**:是加速混凝土凝结硬化的外加剂,如果和水泥的相容性好,它不仅能提高早强,而且能减少回弹,加大喷层厚度。目前国内速凝剂有几十种。由于成分不同,其掺量也不同,一般为水泥用量的2%～8%。大多数掺有速凝剂的喷混凝土的后期(28d)强度降低,一般降低15%～40%。

(2) 喷混凝土的施工工艺与参数确定。施工工艺流程由供料、供气、供水三大系统组成(干喷),如图5-3所示。

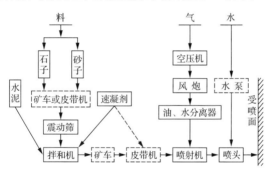

图5-3　喷射混凝土工艺流程

施工工艺参数及其确定:

1) 风压:工作风压指喷射机正常作业时喷射机喷头处的压力。一般在0.2MPa左右。风压过大则回弹大、粉尘大;过小则不易密实。实践证明,影响风压的主要因素:输送距离、喷射机生产率、砂子含水率等。

2) 水压:喷头水压必须大于该处风压0.1～0.15MPa,以保证干混合料掺和均匀。若系统水压不足时,应向水中加入风压。

3）水灰比：水灰比对强度影响很大，理论上水灰比一般在 0.4～0.55 之间为宜。当水灰比合适时。刚喷的混凝土具有光泽，没有干斑，粉尘和回弹均较小；同时，骨料分布均匀、不流淌、呈黏糊状。

4）喷射角度与喷射方向：喷头与受喷面之夹角称为喷射角。一般垂直于受喷面较好。喷射方向不同，对喷混凝土的回弹影响很大，如图 5-4 所示。

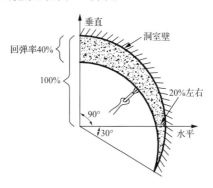

图 5-4　喷射方向与回弹的关系

5）喷射距离：喷嘴至受喷面的最佳距离，是根据回弹小、混凝土强度大的原则来确定的。据目前国内采用的粗骨料最大粒径和喷射压力的情况，喷射距离以 1m 左右为好，如图 5-5 所示。

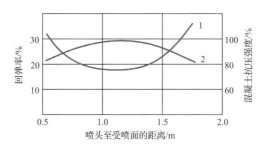

图 5-5　喷距与回弹和强度的关系

曲线 1—喷射距离与回弹率的关系；曲线 2—喷射距离与混凝土抗压强度的关系

6) 一次喷射厚度：当设计厚度大于 10cm 时，一般应分层喷射。若一次喷射厚度太大，则容易脱落；但太薄则回弹率增大。一般，当掺有速凝剂时，一次喷射拱厚度 5~7cm，墙厚 7~10cm。图 5-6 为拱部一次喷射厚度与喷射方向的关系。

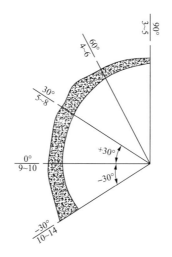

图 5-6　喷射方向与一次喷射厚度关系

$\dfrac{30°}{5\sim8}$、$\dfrac{60°}{4\sim6}$……——分子表示喷头方向与水平线之夹角，分母表示相应角的喷层厚度

7) 喷射层间的间歇时间：分层喷射时，层间时间与水泥品种、速凝剂型号和掺量、施工温度等因素有关。间歇时间太长影响进度，太短则喷层容易脱落。一般应掌握在上层混凝土终凝后，并有一些强度时再喷为好。据一些单位试验，对普通硅酸盐水泥，施工温度为 15~20℃时不掺速凝剂者，需间隔 8h；若掺 2.5%~4%红星一型速凝剂者，则间隔 15~30min 后即可再喷。

8) 喷射混凝土的配合比(水泥重∶砂重∶小石重)：喷混凝土与普通模注混凝土相比，水泥、砂子用量较多，而石子用

量较少。不同的配合比,对强度有不同的影响,如表 5-3
所示。

表 5-3 混凝土配合比与各项性能关系

理论配合比	1:1:3	1:3:1	1:2:2
回弹量	大(因石子多)	大(集料面积大)	较小
强度	高	较低	较高
实际水泥用量	多(因回弹大)	多(因回弹大)	较少
混凝土收缩	较小	大	较小
综合评价	不好	不好	好

9)喷射区的划分与喷射顺序:洞室内施工,一般是先墙
后拱,自下而上的喷射,如图 5-7 所示。这样,可防止溅落的
灰浆黏附于未喷的岩石上,影响混凝土与岩石的黏结力。操
作喷头的喷射手,要使喷嘴呈螺旋形画圈,画圈直径为 30cm
左右,并以一圈套半圈的方式前进,如图 5-8 所示。图 5-7 中
的拱顶(八),沿纵向做蛇行喷射,其长度一般 2~4m,垂直高
度 1.5m 左右。

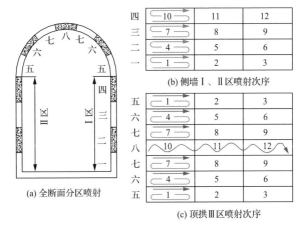

图 5-7 全断面分区喷射示意图

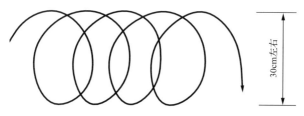

图 5-8　喷头呈螺旋状移动示意图

10）养护：由于喷混凝土的水泥用量大，凝结速度快，为使强度均匀增加，一般喷后 2～4h 开始洒水养护。洒水次数以保持混凝土有足够的湿润状态为宜，养护时间不少于 14d。

（3）喷混凝土的机械设备。常用的喷混凝土机械设备有喷射机和喷混凝土机械手。另外，还有搅拌机、上料装置、空压机、油水分离器、筛子和压力水箱等。

（4）喷混凝土的施工组织。施工组织由三部分组成，即施工机具布置、劳动组合和安全措施。

1）机具布置：根据工程规模不同，可有三种布置形式，即：洞外配料洞内搅拌（大断面）、洞外配料洞外搅拌（小断面）、洞内配料洞内搅拌。

2）劳动组合：应该培训喷混凝土的专业队伍，每人有明确分工，实行岗位责任制。每班人数的多少与技术高低、机械化程度等因素有关，国内一般配 30～40 人，主要视具体情况而定。

3）安全措施：喷混凝土是在无临时支撑下进行的，因此应特别注意施工安全。在喷射前，应检查是否有危石并准备对危石进行及时处理；作业时加强通风、照明的管理；施工人员应佩戴必需的安全防护用具；各种机具在运转前都应进行试运转；严禁喷嘴对人；当发生故障时应先关闭电动机停止送料，再依次停风、停水，并将喷射机内的压力风放完后，才能进行检查和排除故障。

（5）喷混凝土的施工质量。喷混凝土的施工质量，集中反映在它的物理力学性能的指标上。影响因素虽有几十种，但归纳起来，可分三类，即原材料、材料配比和施工工艺。

原材料的检查内容，主要是根据规范标准检查原材料；根据设计要求，检查喷混凝土的配合比；根据施工组织设计要求，检查施工工艺中的每个环节。上述错综复杂的因素，集中反映在混凝土的抗压强度指标。此指标的检查方法有三种，即破损检查、无损检查和公式估算。破坏性检查是常规的方法，此法比较直观；无损检查使用方便迅速，但目前限于仪器精度而反映真实情况较差。

三、新奥法的施工要点

1. 采用控制爆破

根据围岩分类确定开挖程序(全断面开挖或分部开挖以及分部开挖的开挖顺序)后，采用钻爆方法开挖洞室时，原则上必须采用有效掏槽、光面和预裂等控制爆破技术。

2. 采用系统锚喷支护

在软弱岩层或地应力与岩体强度比较大(大于或等于0.25~0.40)的坚固岩层中开挖洞室时，必须及时施作系统的柔弱锚喷支护。

3. 采用可塑性支护结构

在具有膨胀性且围岩压力大的岩体中开挖隧洞时，需要采用可塑性支护，即在围岩压力和膨胀作用下，支护所承受的轴向力超过一定值时，拱架可沿可缩接头下滑，待围岩向洞内收敛变位后，再对围岩锚固和喷射混凝土(有时是喷射第二层)，形成岩体承载环，保持围岩稳定。根据国外施工经验，支护收缩是在架立后2~7d开始，经20d左右结束，有的隧洞压缩量达23mm左右。

4. 辅助施工法

在软弱、破碎以及可能有大量涌水的岩体中开挖洞室，有必要采用特殊的辅助施工方法，使锚喷支护能顺利施作。典型施工辅助方法见表5-4。

表 5-4   **典型辅助施工方法**

用途	辅助施工法
稳定拱顶	连续插入护顶锚杆或钢管、钢板、钢筋网等
稳定开挖面	对开挖面喷射混凝土,插锚杆,保持倾斜开挖面,形成隧洞开挖法
排水	钻排水孔,开挖排水洞,并点排水法等
止水	一般灌浆及化学灌浆,冻结法等

5. 二次衬砌

属于永久支护。在水工隧洞中可降低水流糙率,增加结构的耐久性。

四、新奥法的现场量测

1. 现场测量的目的

(1)掌握围岩变形发展情况,选择合理的支护时机和判断支护的实际效果。

(2)检验已施作支护的工况,按照支护的变形及应力状况,调整支护设计。

(3)积累资料,为隧洞设计提供依据。

(4)为确定隧道安全提供可靠的信息。

(5)量测数据经分析处理与必要的计算和判断后,进行预测和反馈,以保证施工安全和隧道稳定。

2. 观测项目

隧道施工的观测旨在收集可反映施工过程中围岩动态的信息,据以判定隧道围岩的稳定状态,以及所定支护结构参数和施工的合理性。量测项目可分为必测项目和选测项目两大类,参见表 5-5。

3. 观测断面布置

观测断面分两种类型。一类是特殊断面的位移-应力状况,这些断面如洞口、交叉段、弯段等,对它们的检测内容和方法应专门设计;另一类断面为规划断面,即隧洞本身。参见表 5-6。

表 5-5　　　　　　　　　　　　测站观测项目及测试时间

项目名称		手段	布置	测试时间			
				1～15d	16d～1个月	1～3个月	3个月以上
应测项目	周边收敛	收敛计或测杆	每20～50m一个断面，每个断面1～3对测点	1～2次/d	1次/2d	1～2次/周	1～3次/月
	拱顶下沉	水平仪或测量	每30～50m，1～3个测点	1～2次/d	1次/2d	1～2次/周	1～3次/月
选测项目	围岩位移	多点位移计	选择有代表性的地段测试	参照上述测试间隔时间进行			
	围岩松弛区	声波仪及多点位移计					
	锚杆和锚索内力及预拉应力	应变片及测力计					
	接触压力	压力传感器					
	喷层切向应力	应变计、应力计					
	喷层表面应力	应变片					
	地表下沉	水平仪					

表 5-6　　　　　　　　　　　　量测断面布置及次数

量测项目		量测距离	布置	次数		
				0～15d	16～30d	30d以后
量测A	洞内观测	全长	各开挖面	1次/d	1次/d	1次/d
	隧洞周边相对位移	10～20m	水平两条或6条测线	2～1次/d	1次/d	1次/d
	隧道拱顶下沉	10～20m	1点	2～1次/d		
	锚杆抗拔试验	每隔50～100m	1个断面5根			

量测项目		量测距离	布置	次数		
				0～15d	16～30d	30d 以后
量测B	岩石试件试验	每隔200～500m				
	围岩内位移	每隔200～500m	3～5点，5种长度	2～1次/d	1次/2d	1次/周
	锚杆轴力	每隔200～500m	3～5处,1根相当于5点	2～1次/d	1次/2d	1次/周
	衬砌应力	每隔200～500m	切向	2～1次/d	1次/2d	1次/周

4. 观测内容

（1）位移观测。

为了控制围岩的动态,进行位移观测,主要是为了掌握隧洞断面尺寸的变化情况,如拱顶下沉、边墙挤入、底部隆起等,统称收敛,用收敛计量测。另一任务是了解围岩的松弛程度及影响范围,用位移计量测。

（2）应力量测。

包括量测支护与围岩间的接触应力及支护内应力。

5. 观测资料的整理和应用

（1）需采用分期支护的隧洞洞室工程,后期支护应在隧洞位移同时达到下列三项标准时实施：

1）连续 5d 内隧洞周边水平收敛速度小于 0.2mm/d；拱顶或底板垂直位移速度小于 0.1mm/d；

2）隧洞周边水平收敛速度及拱顶或拱底垂直位移速度明显下降；

3）隧洞位移相对收敛值已达到允许收敛值的 90％以上。

（2）当出现下列情况时,应立即停止开挖,采取措施,并调整支护参数和施工程序：

1）位移速率无明显下降,而此时实测的相对收敛值已接近表 5-7 中规定的数值；

2) 喷射混凝土表面已出现明显裂缝,部分预应力锚杆实测拉力值变化已超过拉力设计值的 10%;

3) 实测位移收敛速度出现急剧增长。

表 5-7　　　隧洞、洞室周边允许相对收敛值

围岩类别	洞室埋深/m		
	<50	50～300	300～500
Ⅲ	0.10%～0.30%	0.20%～0.50%	0.40%～1.20%
Ⅳ	0.15%～0.50%	0.40%～1.20%	0.80%～2.00%
Ⅴ	0.20%～0.80%	0.60%～1.60%	1.00%～3.00%

注:1. 洞周相对收敛量是指两测点间实测位移值与两测点间距离之比,或拱顶位移实测值与隧道宽度之比。

2. 脆性围岩取小值,塑形围岩取大值。

3. 本表适用于高跨比 0.8～1.2,埋深<500m,且跨度不大于 20m(Ⅲ级围岩)、15m(Ⅳ级围岩)和 10m(Ⅴ级围岩)的隧洞洞室工程,否则应根据工程类比,对隧洞、洞室周边允许相对收敛值进行修正。

第二节　平　洞　开　挖

一、施工程序

1. 平洞施工程序

平洞施工程序见图 5-9。

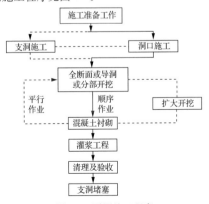

图 5-9　平洞施工程序

2. 平洞作业方式

平洞施工作业方式见表 5-8。

表 5-8　　　　　　　　平洞施工作业方式

作业方式	施工特点	适用条件	开挖方法
流水作业	一个工作面纵向全断面开挖后再衬砌	适用于中小断面的短平洞,地质条件较好或具有初始喷锚支护后再二次衬砌的条件	全断面开挖、正台阶法、反台阶法、下导洞法
平行作业	一个工作面开挖先行,衬砌滞后一段施工;衬砌与开挖面间距按施工条件、混凝土强度及地址条件决定,一般不小于 30m	适用于大、中断面长平洞;工程地质条件差时,开挖与衬砌间距可适当缩短;交通运输有干扰	全断面开挖、正台阶法、反台阶法、下导洞法
交叉作业	衬砌与开挖沿洞室纵横断面平行交叉作业,仅留 0.5～2.0m 的安全爆破距离,要注意保护混凝土不受爆破影响	适用地质条件差的大洞室、特大断面洞室、洞室群和洞井交叉段施工	上导洞法、上下导洞法(即先拱后墙法)或品字形导洞法

二、开挖方法

1. 围岩基本稳定的平洞开挖

在围岩基本稳定的情况下,平洞开挖方法的选择,应以围岩分类为基本依据,并确保施工安全。对于洞径在 10m 以下的圆形隧洞,一次开挖到设计断面后,出渣车辆无法在隧道底板上通行,考虑开挖后的交通需要,目前采用全断面开挖、底板预留石渣作为通道。这种方法的工程较多,但也有不少过程采用先开挖上台阶,下台阶留作施工通道,待上台阶施工完成后再开挖下台阶的方法。根据隧洞施工期限、长度、断面大小与结构类型,可采用一次或分块开挖,即全断面开挖和分区分层开挖,其主要开挖方法有以下几种。

(1)全断面法。全断面法,就是在整个断面上一次爆破成型的开挖方法,如图 5-10 所示。待掌子面前进一定距离后,即可架立模板进行混凝土衬砌,或采用紧跟工作面的喷锚支护。由于围岩基本稳定,为了减少干扰,加快进度,不少工程常把隧洞开挖到相当长的距离,或全部挖通后再进行衬砌。此法的特点是净空大、便于机械作业、管线路均可一次敷设、易于保证混凝土衬砌的整体性;但由于一次爆破量大,所以出渣是控制进度的主要因素,一般宜用连续装渣作业的设施。

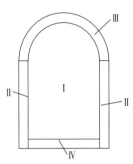

图 5-10　全断面法

Ⅰ、Ⅱ、Ⅲ、Ⅳ—施工顺序

这种方法,可根据平洞的高度不同,采用带气腿的手持风钻或钻孔台车与多臂钻机,配合高效装岩机、汽车或机车运输,以提高出渣效率。

(2)正台阶法。当隧洞断面较高时,常把断面分成 1~3 个台阶,自上而下依次开挖。上下台阶工作面间距以保持在 3m 左右为宜,过大则爆破后在台阶上堆渣太多,影响钻孔工作。

上部断面掌子面布孔与全断面法基本相同。下部台阶的爆破,因有两个临空面,效果较好。台阶的开挖,多用水平钻孔,爆破后,工人可蹬渣钻孔,并随着出渣工作的进行,腾出了空间,可自上而下的钻设各台阶水平炮孔。正台阶法如图 5-11 所示。

正台阶法的特点:利用台阶钻设上部炮孔,不需搭设脚

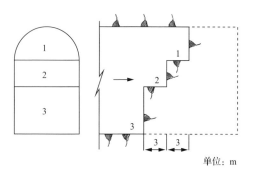

单位：m

图 5-11　正台阶法

1、2、3—开挖顺序

手架；钻孔、出渣可平行作业；管线路可在底部一次敷设；台阶上的石渣宜用高效扒渣机工作；工序简单，施工速度较快。但当底部有瞎炮时不易发现，若用人工出渣时其劳动强度大。

（3）反台阶法。反台阶法与正台阶法相反，它是一种自下而上的开挖方法。下部断面的开挖与全断面基本相同；而上部台阶因有两个临空面，爆破效果较好。

反台阶法，如图 5-12 所示。此法的主要问题，是当下部台阶前进一定距离后，再开挖上部台阶，其爆落的石渣将把下部已挖的坑道堵塞，严重影响其他作业进行。为此，一般

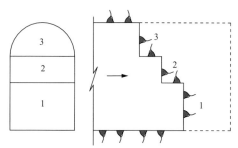

图 5-12　反台阶法

1、2、3—开挖顺序

采用以下两种方法解决:一是将下部台阶开挖相当长的距离或全部打通,若为前者,则下部掌子面超过施工支洞时,再开挖上部台阶,这样开挖出渣互不干扰;二是在上部台阶开挖段设置漏斗棚架,使上部台阶的石渣堆集在棚架上,并通过漏斗流入运输工具运出。

该法上部断面的钻孔作业,可利用前排爆下的石渣进行蹬渣钻孔,并达到钻孔出渣平行作业的目的。

反台阶法的特点:工作面宽敞,相互干扰少,可尽量利用高效装运机械,以提高工效;若利用手风钻时,可蹬渣钻上部台阶钻孔,无须搭设作业台。当利用钻孔台车或多臂钻机时,应特别注意各工序作业相互配合,以便充分发挥大型机械的生产率。

(4)下导洞法。下导洞法适用于围岩比较稳定的情况。可根据断面大小和机械化程度选用图 5-13 的不同形式。由于可分成若干块进行开挖,其临空面增加,可使爆破效果显著提高,但需要的材料较多。

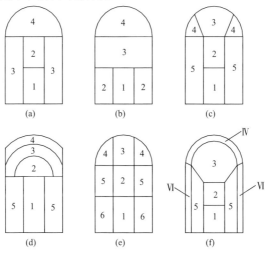

图 5-13　几种主要下导洞法

1、2、3、4、5、6—开挖顺序;Ⅳ、Ⅵ—衬砌顺序

2. 围岩稳定性差的平洞开挖

围岩稳定性差时，多采用上导洞法、上下导洞法（即先拱后墙法）或品字形导洞法，如图 5-14 所示，图（a）中 1 及图（b）、（c）中 1 和 2 皆表示导洞。

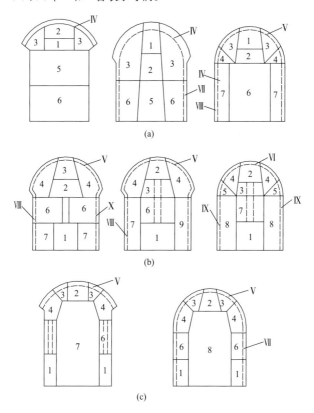

(a)

(b)

(c)

图 5-14　围岩稳定性差的开挖方法

1、2、3、4、5、6—施工顺序；Ⅳ、Ⅴ、Ⅵ、Ⅻ、Ⅷ—衬砌顺序

由于在地下建筑物施工中用得最多的方法是先拱后墙法，所以在下面作重点介绍。此法的施工顺序，虽因断面大小与形状不同而异，但基本原理都是一样的。此法适用范围较广，可用于岩石较差，洞径小于 10m 的中小型断面的长、短隧洞。

（1）上下导洞法施工顺序。如图 5-15 所示，首先开挖下导洞 1，它的作用在于布置运输线路和风、水、电等管线系统，探测地质和水文地质情况，排除地下水以及进行设计施工所需的量测工作。接着开挖上导洞 2，并在上下导洞间打通溜渣井。由于围岩稳定性差，一般采取上部开挖与拱顶衬砌交叉进行的方式，也就是说先戴上一个"安全帽"，以确保施工安全。上下导洞与溜渣井开挖后，即可按照图示的顺序进行扩大施工。导洞掌子面与扩大掌子面之间的距离，一般保持 10m 以上为宜。

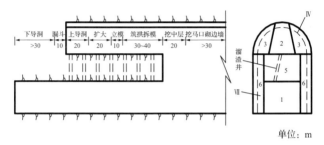

单位：m

图 5-15　上下导洞法开挖顺序

1、2、3、4、5、6—开挖顺序；Ⅳ、Ⅻ—衬砌顺序

（2）下导洞形状与尺寸。下导洞一般多为梯形断面，其尺寸大小，主要取决于出渣运输和有关管线布置所必须的空间，如图 5-16 所示。

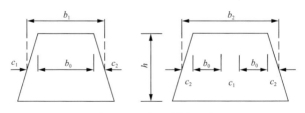

图 5-16　下导洞形状与尺寸

单线运输的导洞宽度为：

$$b_1 = b_0 + c_1 + c_2 \tag{5-1}$$

双线运输的导洞宽度为：

$$b_2 = 2b_0 + c_1 + 2c_2 \qquad (5\text{-}2)$$

上两式中：b_1、b_2——分别为单线和双线运输工具顶部水平净宽；

b_0——采用的运输工具宽度；

c_1——人行道宽度，一般不小于 0.7m；

c_2——由导洞内侧至运输工具外缘的最小距离（净宽），或两个运输工具外缘之间的最小距离，通常为 20～30cm。

当采用钢木作为临时支撑时，上述宽度还应加上立柱所占的空间位置。下导洞的高度，一般应考虑挖、运机械的最大高度。

（3）上下导洞法施工注意问题。下导洞比上导洞的掌子面一般应领先 20m 以上，以避免下导洞开挖爆破振动影响上导洞的施工安全。上部断面的扩大，炮孔布置一般平行于洞轴线，即顺帮布孔。这样容易控制断面轮廓线。

上部断面爆破的大量石渣，通过溜渣井流入下导洞运出。因此，出渣工作很方便，这是采用上下导洞法主要优点之一。边墙衬砌，若用一般模注混凝土的方法，则先拱后墙的交界处往往不易密合，为此，一般是在边墙混凝土浇筑距拱脚 20～30cm 时，暂停施工（约两昼夜左右），让边墙混凝土收缩沉落，然后再分层回填混凝土。

三、平洞开挖的一般规定

根据《水利水电地下工程施工组织设计规范》（SL 642—2013）有关规定，竖井开挖应按下列执行：

（1）平洞开挖应根据围岩类别、施工条件、隧洞长度及断面尺寸、支护方式、工期要求、施工机械化程度和施工技术水平等因素选定。

（2）对洞径在 10m 以下的圆形隧洞，宜采用全断面开挖，底部预留石渣作为通道的方法；或采用先开挖上台阶，下台阶留作施工通道，待上台阶施工完成后再开挖下台阶的方法；其他断面型式的隧洞，洞径或洞高在 10m 以下的宜优先采用全断面开挖,洞径或洞高在 10m 及以上的宜采用分层开挖或先挖导洞,然后进行分层分部开挖。

（3）洞室顶拱及菲直边墙洞室的下部开挖应按布置水平孔选择钻孔设备,直边墙洞室的下部开挖可按布置垂直孔或水平孔选择钻孔设备。

（4）应根据洞室的断面形状和尺寸、围岩类别、爆破参数等经计算或采用工程类比法确定循环尺寸。

知识链接

★地下洞室洞口削坡应自上而下分层进行,严禁上下垂直作业。进洞前,应做好开挖及其影响范围内的危石清理和坡顶排水,按设计要求进行边坡加固。

★当特大断面洞室设有拱座,采用先拱后墙法开挖时,应注意保护和加固拱座岩体。拱脚下部的岩体开挖,应符合下列条件:

1. 拱脚下部开挖面至拱脚线最低点的距离不应小于1.5m。

2. 顶拱混凝土衬砌强度不应低于设计强度的75%。

★当相向开挖的两个工作面相距小于30m或5倍洞径距离爆破时,双方人员均应撤离工作面;相距15m时,应停止一方工作,单向开挖贯通。

——《水利工程建设标准强制性条文》

（2016年版）

第三节　竖井与斜井开挖

一、竖井开挖工序

1. 竖井施工程序

下面以竖井中调压井的施工程序为例。调压井施工程序见图 5-17。

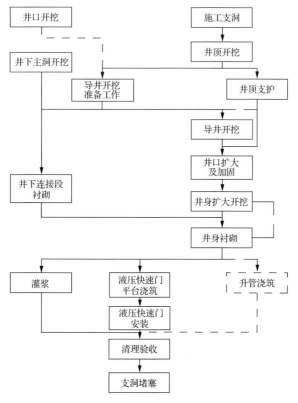

图 5-17　调压井施工程序

2. 竖井的施工方式

竖井的施工方式选择见表 5-9。

表 5-9　　　　　　　　竖井施工方式的选择

施工方式	适用范围	施工特点	开挖方法
流水作业	Ⅰ、Ⅱ类围岩喷锚支护，可保持围岩稳定的中、小断面竖井或稳定性好的大断面竖井	竖井开挖后进行钢板衬砌、混凝土衬砌、灌浆等作业。有条件时用滑模衬砌	可采用各种竖井开挖方法

施工方式	适用范围	施工特点	开挖方法
分段流水作业	Ⅲ、Ⅳ类围岩,大中断面竖井或局部条件差需要及时衬砌的竖井	顶部裸露时先锁井口或先衬砌上部(Ⅰ、Ⅱ类围岩亦采用这种方式),分段开挖和分段衬砌	先导井,然后根据围岩条件分段扩大
	Ⅱ、Ⅲ类及Ⅳ类围岩,开挖大及特大断面竖井	根据围岩及施工条件,开挖一段,衬砌一段;衬砌时利用导井钻辐射孔扩挖下段	先导井,后自上而下扩挖

3. 竖井的开挖方法

（1）小断面竖井及导井开挖方法,见表 5-10。

表 5-10   小断面竖井及导井开挖方法

方法		适用范围	施工特点	施工程序
自上而下开挖		适用于小断面的浅井(<30m)或井的下部设有通道的深井	需要提升设备解决人员、钻机及其他工具、材料、石渣的垂直运输	开挖一段,衬砌一段,或先开挖后衬砌
自下而上开挖	深孔分段爆破	适用于井深 30～80m 下部有运输通道的竖井	钻机自上而下一次钻孔,分段自下而上爆破,爆破效果取决于钻孔精度。石渣自上坠落,由下部通道出渣	竖井一次开挖,然后进行其他工序(如钢板、混凝土衬砌等)
	爬罐法开挖	适用于上部没有通道的盲井或深度大于80m 的竖井,如果钻机精度高,可加大井深	自下而上利用爬罐上升,向上钻机钻孔,浅孔爆破,下部出渣	边开挖边临时支护,挖完后再永久支护
	吊罐法开挖	适用于井深(两个施工支洞间高度)小于100m 的小断面竖井,如果钻机精度高,可加大井深	先开挖上下通道,然后用钻机钻钢丝绳孔,上部安装起吊设备,下部开挖避炮洞	小断面竖井自下而上分段开挖即可进行临时支护。全部开挖完后再进行后续工序

（2）大中断面竖井开挖方法，见表5-11。

表 5-11　　　　　大中断面竖井及导井开挖方法

方法	适用范围	施工特点	施工程序
自下而上 分段扩挖	适用各类岩体，大、特大断面竖井	浅井（＜30m）设爬梯作为上下通道；井深较大时搭设井架，用机械提升。石渣自导井下溜至下部通道出渣。边扩大、边支护	先开挖导井作溜渣通道，然后自上向下分段开挖，根据地质条件分段衬砌
自下而上 射孔扩挖	适用Ⅰ、Ⅱ类围岩中，大断面竖井	在导井内利用吊罐或爬罐自下而上分段扩挖，竖井全部扩挖后再进行后续工序	先开挖导井，然后自下而上分段扩挖，竖井全部扩大开挖后再进行后续工序

4. 竖井的一般开挖程序

竖井一般指水电站的调压井、地下厂房的通风、排烟、运输及安全等通道。竖井施工方法通常是先打通井下的水平通道，然后采取自上而下（正挖法）或自下而上（反挖法）等方法进行施工。开挖顺序一般分为两步：导井开挖和扩大开挖。以下介绍施工中较为常用的开挖方法。

（1）导井开挖。首先在竖井的中心位置，打出一个小口径的导井，并在导井的基础上进行扩大。导井的开挖方法有普通钻爆法、吊罐法、天井钻机法、爬罐法、大口径钻机法和深孔法等。

普通钻爆法。当缺乏大型造孔机械时，可用此法开挖导井。为了钻孔、爆破和出渣的方便，井径一般在 2m 以上。此法适用于较完整的围岩，否则应采取有效的安全措施。

吊罐法如图 5-18 所示，当竖井下的水平通道打通后，利用钻机在竖井的中心部位，钻设 2～3 个 10～16cm 的小孔，其中一孔为升降吊篮用的承重索中心孔，另两孔分别打在距中心孔 50～60cm 处，为将来穿入风管、水管之用。工作人员可在吊篮上打孔装药，待雷管引线接好之后，将吊篮降至底部的水平洞轨道上,并推到安全地方。为了防止爆破打断承重索,一般还需将钢索提至地面。

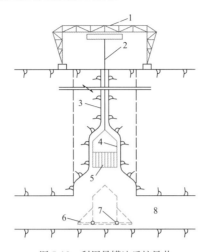

图 5-18　利用吊罐法反挖导井

1—起重机;2—承重索;3—中心孔;4—吊篮;5—可折叠的吊篮栏杆;
6—吊篮的放大部分;7—铰;8—水平通道

天井钻机法。即先钻一个直径为 20～30cm 的导向孔,钻杆沿孔而下,然后利用天井钻机反挖。目前所用的钻头直径,一般为 1.2～2.4m。这种钻机比普通钻爆法约快 30% 左右,成本降低 50% 左右。但因钻机本身成本较高,约占井总费用的 50% 左右。

爬罐法。是利用沿轨道自下而上的爬罐开挖导井的,爬罐平台上安装有垂直向上的钻机,以便钻孔、装药和爆破。该法在早期工程中较多采用,例如:渔子溪水电站、鲁布革水电站、广州抽水蓄能水电站等,其优点是适用性强、速度快,缺点是准备时间长,操作人员劳动条件差。

大口径钻机法。它是在通向竖井的水平洞打通后,在竖井的顶部地面安设大型钻机,自上而下的钻进。若一次钻进的孔径不能满足扩大时的溜渣要求,还可换大钻头进行第二次扩大。

深孔爆破法。由于目前的钻孔机械性能与钻孔技术的状况,井深一般不宜大于 60m。钻孔的允许倾斜率在 2% 左右。具体做法是钻设一组垂直的平行炮孔,且一次打通,然后自下而上的分段装药爆破。

(2)竖井扩大。利用导井进行扩大,其方法主要有自上而下的正挖和自下而上的反挖法。

1)自下而上的反挖法。当竖井开挖直径小于 6m 且岩体稳定性较好时,可采用自下而上的扩挖方法,否则施工困难又不安全。常用的方法为临时脚手架法和吊篮法。图 5-19 为临时脚手架法。它是在水平通道打通后,即可搭设临时脚手架,工人在脚手架上操作(打眼放炮)。此法常把脚手板平放在锚入井壁的临时钢筋托架上,使所有脚手板上的荷载通过岩壁下传,这比自下而上的满堂立柱的脚手架,可节省材料 30% 左右。但是,由于井深逐步加大,掘进循环时间,随开挖面的升高而增加,所以,在高度大的竖井中采用此法应慎重考虑。

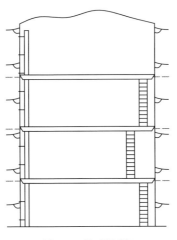

图 5-19　临时脚手架

利用可折叠的吊篮(见图 5-18)开挖竖井,是先打导井,然后将吊篮的折叠部分扩大,再进行扩大开挖。为防止爆破损坏吊篮,在放炮前将吊篮折叠起来提至导井中,爆落的石渣由水平洞运出。

2)自上而下的正挖法。此法适用条件较广,一般来说,当岩体稳定性较差或开挖断面大,需要边开挖边支护时,均应采用自上而下的开挖方法。

二、竖井开挖的一般规定

按《水利水电地下工程施工组织设计规范》(SL 642—2013)有关规定,竖井开挖应执行下列要求:

(1)应综合分析地质条件、结构布置、断面尺寸、深度、交通条件等因素,选择开挖方法及施工设备。

(2)应创造从井底出渣的条件,若不具备从竖井底部出渣的条件,则应全断面自上而下开挖。

(3)当竖井底部有出渣通道,且竖井断面较大时,可选用导井法开挖;扩挖宜自上而下进行,围岩为Ⅲ类、Ⅳ类时,应紧跟开挖面支护。

(4)当竖井底部有出渣通道时,小断面竖井和导井可采用反井钻机法、爬罐法或吊罐法进行自下而上全断面开挖,对于地质条件较好和井深适合的竖井和导井,宜优先选用反井钻机法。

(5)在土层中开挖竖井时,应自上而下开挖,边开挖边支护。

(6)对露天竖井,在井口开挖前应先完成井口的地面明挖,锁ān井口,并采取措施防止地表水流入或杂物坠入。

(7)选择自上而下开挖或扩挖竖井时,井口施工平台尺寸应按所选择的施工方法进行布置后确定。

(8)涌水和淋水地段,应有防水和排水措施。

(9)竖井作业时,井口、井内应布置可靠的安全设施。

(10)当竖井兼有地下洞室施工期通风排烟功能时,易创造条件提前施工。

三、斜井开挖工序

1. 斜井施工程序

以高压管道斜井施工程序为例,高压管道斜井施工程序见图 5-20。

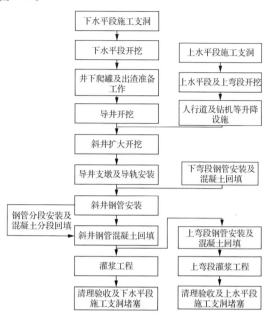

图 5-20 高压管道斜井施工程序

2. 斜井的开挖方法

（1）小断面斜井开挖方法，见表 5-12。

表 5-12 小断面斜井开挖方法

方法	适用范围	施工特点	施工程序
自上而下全断面开挖	适用于施工斜支洞	采用机械运输人员和机具，坡度≤25°用堵车出渣；≥25°用箕出渣	先做好洞口支护，安装提升设施及外部出渣道，然后自上而下开挖
自下而上全断面爬罐法开挖	用于倾角大于42°没有通道的斜井	利用爬罐作提升工具和操作平台，自下向上钻孔爆破	先挖下部通道安装爬罐及轨道（随开挖上延），逐段向上开挖

注：小断面斜井开挖还有大钻机、掘进机掘进法，系个别适用，未列。

（2）斜井扩大及开挖方法，见表 5-13。

表 5-13 斜井扩大开挖方法

方法	适用范围	施工特点	施工程序
由上向下的扩大开挖	适用于倾角大于45°可以自行溜渣的斜井	由上向下分层钻孔爆破，由导井溜渣自下部出渣，临时支护与开挖平行以保证施工安全。短斜井设置人行道，中、长斜井用机械运输	先挖导井，然后由上向下扩大，边开挖边铺设钢板，以满足溜槽要求
由下向上的扩大开挖	适用于倾角在45°左右不能自行溜渣的斜井或倾角虽大的短斜井	需采用专门措施，如底部铺设密排钢轨或浇筑混凝土底板，减小摩擦系数，达到自行溜槽。钻孔用平行斜井轴线的浅孔或辐射孔	先开挖导井，然后自下而上扩大，边开挖边铺设钢板，以满足溜槽要求

四、斜井开挖的一般规定

根据《水利水电地下工程施工组织设计规范》(SL 642—2013)有关规定，斜井开挖应按下列规定执行：

（1）应综合分析地质条件、结构布置、断面尺寸、坡度、长度、交通条件等因素选择开挖方法及施工设备。

（2）斜井倾角为 6°～30°时，宜采用自上而下全断面开挖。

（3）斜井倾角为 30°～45°时，可采用自上而下全断面开挖或自下而上开挖。采用自下而上开挖时，应有扒渣和溜渣设备。

（4）斜井倾角为 45°～75°时，可采用自下而上先挖导井，再自上而下扩挖，或自下而上全断面开挖。

（5）自上而下开挖时优先采用全断面开挖，出渣宜选用有轨式的装渣、运渣设备。

（6）自下而上开挖时，宜采用自下而上开挖导洞，再自上而下进行扩挖,导洞应满足溜渣要求。

(7) 有上平台并安装自上而下开挖的竖井,其上弯段的转弯半径应符合运渣设备的要求。必要时,应扩大开挖上弯段。

知识链接

★竖井或斜井单向自下而上开挖,距贯通面5m时,应自上而下贯通。

——《水利工程建设标准强制性条文》
(2016年版)

五、竖井与斜井施工的其他问题

1. 井口加固

根据施工条件确定上部井口的加固,分露天式井口加固和埋藏式井口加固。

(1) 露天式井口。井口边坡不高。开挖尺寸由施工条件和上部建筑物确定,一般情况每边有3～5m宽台地。同时,边坡边角应设排水沟,防止地表水排入井内。

大调压井井口上部开挖至一定深度后,应预先衬砌,保持围岩稳定。

(2) 埋藏式井口。埋藏式井口根据建筑物类别进行施工。

1) 当调压井的上部采用混凝土结构时,为了便于支立模板及下部施工安全,常在下部开挖前进行顶部混凝土施工,有利于顶部围岩的稳定。

2) 高压管竖井或斜井上水平段与调压井相连接,下水平段与厂房相连接,连接段的围岩一般受力条件差,均需在井身施工前加固。

2. 竖井和斜井的施工安全作业

(1) 导井和上部井身或井口同时作业时,必须采取可靠封堵措施,防止落物影响洞内施工安全。

（2）竖井或斜井采用提升设施时注意事项如下：

1）设置井深指示器，防止过卷、过速；同时设置过电流和失电压等保险装置及制动系统。

2）有可靠的通信和信号联系，信号应声光兼备。

（3）斜井用卷扬机出渣运输时应符合的要求：

1）铺设大于15°的斜坡轨道，布置防止轨道下滑的措施。

2）斜段与平段用竖曲线连接，同时在平段上设置倒坡，适当处设置挡车装置。

3）斜坡段应有人行道和安全扶手。

3. 竖井与斜井钢管安装前的准备工作

（1）高压管道竖井在钢管安装前，应做好临时锚喷支护，并埋设用于固定钢管的插筋。

（2）高压管道斜井在开挖前先喷锚支护，浇筑钢管滑道支墩或架设钢支墩，铺钢轨道，安装钢管。

六、国内部分竖井与斜井工程施工情况

目前竖井和斜井较多采用反井钻机施工，其成井速度快、施工安全、劳动条件好。

国内部分工程反井钻机开挖情况见表5-14，国内部分工程爬罐法开挖导井情况见表5-15。

第四节　地下厂房开挖

一、地下厂房的施工方法选择

根据围岩稳定、交通运输通道及支护方式等条件确定地下厂房的施工方法。具体施工方式见表5-16。

二、厂房施工

1. 厂房顶拱开挖方法

（1）在Ⅰ、Ⅱ类岩石中拱顶可以一次或分部开挖，然后进行混凝土衬砌（图5-21）。为便于支立模板及避免以后爆破对混凝土的影响，拱顶可全部开挖至拱座以下1～1.5m处。

表5-14

反井钻机开挖情况

技术指标 \ 工程名称	十三陵抽水蓄能电站出线竖井	十三陵抽水蓄能电站1号高压管道下斜井（50°）	蒲石河抽水蓄能电站副厂房排风竖井	溪洛渡水电站1号、2号出线竖井上段	溪洛渡水电站3号、4号出线竖井上段	宜兴抽水蓄能电站1号引水隧洞下竖井
开挖断面/m	D8.6	D6.6~D11.4	D1.4	覆盖层D14.0 基岩层D11.5	覆盖层13.6/11.6 基岩层11.5/12.5	φ6.4m
井深/m	157.84	238	214	251	3号/252 4号/249.6	266
地质条件	砾岩,抗压强度92MPa	砾岩、安山岩,抗压强度90~95MPa；安山岩抗压强度90~200MPa	以花岗岩、花岗片麻岩、玄武岩为主	洪积体、冰川、冰水堆积体、古滑坡堆积体、砂页岩、凝灰岩、玄武岩	洪积体、冰川、冰水堆积体、古滑坡堆积体、砂页岩、凝灰岩、玄武岩	石英砂岩夹泥质粉砂岩、粉砂质泥岩
反井钻机型号	LM-200	LM-200	BMC-300	LM-300	LM-200	LM-200

技术指标		工程名称					
		十三陵抽水蓄能电站出线竖井	十三陵抽水蓄能电站1号高压管道下斜井（50°）	蒲石河抽水蓄能电站副厂房排风竖井	溪洛渡水电站1号、2号出线竖井上段	溪洛渡水电站3号、4号出线竖井上段	宜兴抽水蓄能电站1号引水隧洞下竖井
施工时间		1992年3月28日—4月6日	1992年11月14日—1993年2月6日	2007年4月2日—5月4日	2008年12月26日—2009年1月2日	2008年12月26日—2009年1月5日	2004年4月24日—5月25日
导孔直径/mm		216	216	244	216	216	216
钻导孔	实际钻深/m	160.8	240.81	214	136	188	—
	实际纯钻时间/h	76	29	336	—	—	—
	纯钻进速度/(m/h)	2.12	砾岩段:平均0.84 安山岩段:平均0.44	0.64	—	—	—
	实际偏斜率	0.787%	1.08%	0.44%	—	—	—
	平均日进尺/m	11.6	8.3	15.36	17.0	17.9	8

技术指标		十三陵抽水蓄能电站出线竖井	十三陵抽水蓄能电站1号高压管道下斜井(50°)	蒲石河抽水蓄能电站副厂房排风竖井	溪洛渡水电站1号、2号出线竖井上段	溪洛渡水电站3号、4号出线竖井上段	宜兴抽水蓄能电站1号引水隧洞下竖井
				工程名称			
施工时间		1992年4月22日—5月6日	1993年2月历时44天(实际26d)	2007年4月19日—5月4日	2009年1月4日—1月15日	2009年1月7日—1月22日	2004年5月25日—6月16日
扩挖孔	扩孔直径/mm	1400	1400	1400	1400	1400	1400
	实际钻深/m	158.5	237	214	136	188	—
	平均日进尺/m	10.57	9.12	16.46	11.33	11.75	10
从导孔开始至扩挖孔完成综合日进尺/m		6.34	1.39(总计173d)	6.48	6.48	6.71	4.9(总计54d)

表 5-15

爬罐法开挖导井情况

技术指标		渔子溪水电站二级		天生桥水电站二级	天荒坪抽水蓄能电站	桐柏抽水蓄能电站
洞长/m		总长 570，其中斜井 388		160	289.5	263.8（2 条）
开挖直径/m		5.0		6.7	8.2	10
倾角/(°)		46		90	58	50
施工方法		先导井后扩大法。导井：SIH-5L 爬罐；扩大：手风钻，人工扒渣		先导井后扩大法。导井：SIH-5L 爬罐；扩大：手风钻垂直打孔，周边光爆	用左导井 2.6m×2.6m 台车，手风钻	SHT-5E2.7m×2.5m，扩挖：自制台车，手风钻全断面
	部位	下部	中段	引水洞竖管段	引水洞斜井	引水洞斜井
导井 平均日进尺/m		2.6	1.4	1.8	3.4	3
导井 最高日进尺/m		3.6	2.5	—	—	—
导井 平均月进尺/m		—		55	100	75
导井 最高月进尺/m		70		80	127	90
扩挖 平均月进尺/m		—		—	—	50
扩挖 最高月进尺/m		—		—	—	60

表 5-16　　　　　　地下厂房中、下部施工方式

施工方法	适用范围	施工特点
大台阶法	适用于围岩稳定性好（Ⅰ、Ⅱ类岩石），交通运输洞可作为厂房出渣道	自交通运输洞或尾水洞底板划分台阶，高度 10～15m，用深孔爆破施工
多导洞辐射孔法	适用于Ⅱ、Ⅲ类岩体开挖施工机械化较低的中型电站厂房	用顶部上导洞，中导洞及底部下导洞钻辐射孔分层爆破施工
小台阶法	适用于Ⅲ类或稳定性更差的岩体中开挖地下厂房	台阶高度 2～6m，通常采用预应力锚索及锚杆加固边墙

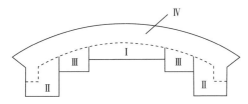

(a) 顶拱一次衬砌：Ⅰ、Ⅱ、Ⅲ代表开挖顺序，Ⅳ代表衬砌

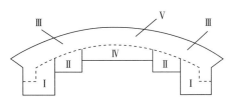

(b) 顶拱分部衬砌：Ⅰ、Ⅱ、Ⅳ代表开挖顺序，Ⅲ、Ⅴ代表衬砌顺序

图 5-21　拱顶一次衬砌与分部衬砌

　　（2）在Ⅲ类或围岩稳定性较差部位，顶拱底面可挖成台阶形，或先开挖拱顶两侧，待两侧混凝土浇筑后再开挖中间部分，最后浇筑封堵混凝土。

　　2. 厂房开挖的一般方法

　　地下厂房开挖与大断面平洞相似，但是由于它的结构

开头复杂,无论在施工组织或施工技术方面,都有独特的地方。从国内外施工经验来看,其开挖方式可分为:全断面开挖、断面分部开挖、导洞先进后扩大和特殊的开挖方法等。对于大中型地下厂房多用断面分部开挖法,此法是将厂房分为三大部分:拱顶部分、基本部分(或落底部分)和蜗壳尾水管部分。

在研究开挖方案时,应本着高洞低洞、变大跨为小跨的原则。为了最大限度的提高围岩的稳定性,可采取先拱后底、先外缘后核心、由上而下、上下结合、留岩柱和跳格衬砌等方法。为了保证施工安全与施工质量,一般是边开挖边支护,尤其在不良地质条件下,开挖过程中,应加强量测工作,密切注意围岩动态和地质情况的变化,及时采取安全措施,保证开挖工作的顺利进行。

(1)拱部施工。对地下厂房的拱部,由于地质条件不同,应采用不同的开挖方式。拱部施工顺序如图 5-22 所示。

序号	方式	施工顺序	使用条件
①	全断面法	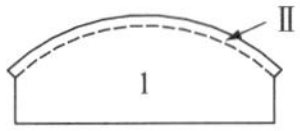	
②	断面分部法	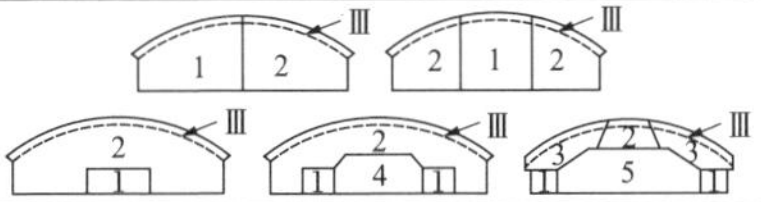	

图 5-22 拱部施工顺序

1,2,…5—开挖顺序;Ⅰ,Ⅱ…Ⅲ—衬砌顺序

(2)基本部分施工。厂房基本部分的开挖工作量大、工期长,应通过充分研究,选择其最优方案。一般是在顶拱衬砌后且达到设计强度时,才进行落底开挖。在考虑施工方案时,应根据断面大小、围岩稳定情况、施工技术与机械设备条件,着重研究保证围岩稳定的情况下如何提高工效问题。基本部分施工顺序见图 5-23。图中⑤单台阶落底法,指先开挖1、2,挖成后再开挖3、4,最后开挖5、6,每次一个台阶(如1、2形成一个台阶)。

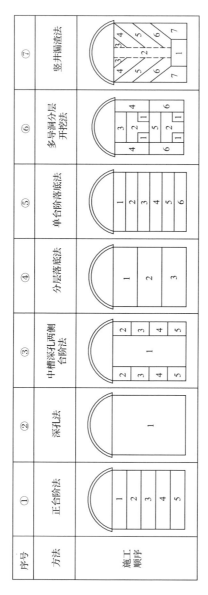

图 5-23　基本部分施工顺序

1,2,…,7—开挖顺序

序号	①	②	③	④	⑤	⑥	⑦
方法	正台阶法	深孔法	中槽深孔两侧台阶法	分层落底法	单台阶落底法	多导洞分层开挖法	竖井漏渣法
施工顺序							

（3）核心支撑法两侧开挖尺寸。侧导洞尺寸按混凝土边墙衬砌厚度及立模要求确定，一般宽度不小于 3.0～3.5m；侧导洞高度根据边墙围岩稳定性确定。为保证施工进度，边墙一次衬砌高度可为 5～10m，但导洞宜分层开挖，以便及时支护。

（4）肋拱法和肋墙法。地下厂房的围岩局部稳定性很差时，一次纵向开挖长度一般不超过 5～10m（根据不同围岩确定），衬砌长度 3～8m，即两端混凝土表面距岩面各留 1m 左右的空间。

（5）岩台吊车梁及拱座开挖。吊车梁岩台及洞室顶拱拱座都是受力较大的部位，因而在施工中必须考虑拱座和岩台岩体不受破坏。根据以往经验，拱座和岩台开挖时要合理分块，采用防震孔或预裂孔控制爆破。

三、地下厂房施工程序

1. 顶拱支撑法

顶拱支撑法厂房施工程序见图 5-24。

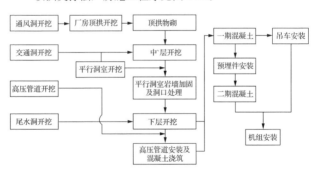

图 5-24　拱顶支撑法厂房施工基本程序

2. 核心支撑法

核心支撑法施工程序见图 5-25。

四、施工支洞类型的选择

施工支洞有平支洞、平行支洞、斜井支洞和竖井支洞。施工支洞类型选择见表 5-17。

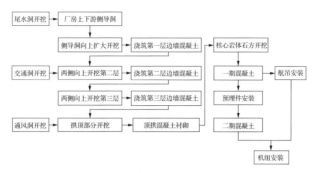

图 5-25　核心支撑法厂房施工基本程序

表 5-17　　　施工支洞类型选择

类型	适用条件	施工条件
平支洞	1. 利用河段天然落差,沿河布置的引水隧洞; 2. 覆盖不厚的高压管道竖井和斜井; 3. 引水洞进水口工期长,需自内向洞口掘进的进口段; 4. 高压管道下水平段较长,条数较多,施工干扰较大的地段; 5. 调压井,引水洞末端	施工机械同主平洞,施工支洞过长时(>400m)通风散烟条件差
平行施工支洞	1. 引水隧洞,一个工作面过大(大于1500m),用其他类型施工支洞不经济时; 2. 引水隧洞有两条或两条以上时,用其中一条作为平行支洞; 3. 隧洞穿过较长不良地质段,处理工期较长,平行支洞绕过该段可加快工程总进度; 4. 有大量地下水和瓦斯时	减少施工干扰,开挖和衬砌可平行作业,提前查明不良地质条件及时处理
斜井支洞	1. 引水隧洞两侧有适宜地形; 2. 导流洞及长尾水隧洞,洞身位于设防水位以下修建围堰不经济时; 3. 采用斜井支洞可节约工程量且经济时	出渣和混凝土均要提升机械运输,当地下水量大时斜井开挖有一定困难
竖井支洞	1. 在已建水库开挖隧洞而进水口水深较大,修建围堰有困难时,但应尽可能和闸门井等永久工程相结合; 2. 采用竖井支洞可节约工程量且经济时	施工条件比较困难

第五节 地下工程开挖支护

一、地下工程开挖支护概述

地下工程开挖支护是地下工程开挖过程中,为防止围岩坍塌和石块下落采取的支撑、防护等安全技术措施。安全支护是地下工程施工的一个重要环节,只有在围岩经确认是十分稳定的情况下,方可不加支护。需要支护的地段,要根据地质条件、洞室结构、断面尺寸、开挖方法、围岩暴露时间等因素,作出支护设计。支护有构架支撑及锚喷支护两种方式,除特殊地段外,一般应优先采用锚喷支护。

二、支护施工工艺

1. 普通砂浆锚杆及锚筋束施工工艺

(1)工艺流程。锚杆批量作业前,需通过现场生产性试验确定砂浆配合比等实施性参数。

1)先注浆后插锚杆施工工艺流程,见图5-26。

2)先插锚杆(锚筋束)后注浆施工工艺流程,见图5-27。

图 5-26 先注浆后插锚杆施工工艺流程

图 5-27 先插锚杆(锚筋束)后注浆施工工艺流程

(2)工艺措施。

1)生产性试验。在锚杆批量作业前,通过生产性试验确定以下施工参数和质量控制依据。

①配合比试验。通过室内试验筛选2~3组满足设计要求的砂浆配合比,并编写试验大纲经监理人批准后进行生产

性试验。

②注浆密实度试验。选取与现场锚杆的直径和长度、锚孔孔径和倾斜度相同的锚杆和塑料管（或钢管），利用与现场相同的材料和配比拌制的水泥浆或水泥砂浆，并按现场施工相同的注浆工艺进行注浆，养护 7d 后剖管检查密实度。不同类型和不同长度的锚杆均需进行试验。试验计划报监理人审批，并按批准的计划进行试验，试验过程中监理人旁站。试验段注浆密实度不小于 90%，否则需进一步完善试验工艺，然后再进行试验，直至达到 90% 或以上的注浆密实度为止。实际施工严格按监理人批准的该注浆工艺进行。

2）造孔。

①钻头选用要符合要求，钻孔点有明显标志，开孔的位置在任何方向的偏差均应小于 100mm。采用"先注浆后插杆"法施工时，钻孔直径应大于锚杆杆直径 15mm 以上；采用"先插杆后注浆"法施工时，钻孔直径应大于锚杆直径 25mm以上。

②锚杆采用凿岩台车造孔。凿岩台车无法到达的部位，孔深小于 5m 的锚杆采用手风钻机造孔，孔深大于 5m 的锚杆及锚杆束采用潜孔钻机或多臂钻机造孔；锚杆束钻孔孔径超过凿岩台车钻孔直径极限时，采用履带钻机或轻型孔钻造孔。锚杆孔的孔轴方向满足施工图纸的要求，施工图纸未作规定时，其系统锚杆的孔轴方向应垂直于开挖面；局部加固锚杆的孔轴方向应与可能滑动面的倾向相反，并与可能滑动面的倾向成 45° 的交角，钻孔方位偏差不应大于 5°。锚孔深度必须达到设计要求，孔深偏差值不大于 50mm。

③钻孔完成后用高压风、水单独或联合清洗，将孔内松散岩粉粒和积水清除干净；如果不需要立即插入锚杆，孔口应加盖或堵塞予以适当保护，在锚杆安装前应对钻孔进行检查，以确定是否需要重新清洗。

④钻孔结束对每一钻孔的孔径、孔向、孔深及孔底清洁度进行认真检查记录。

3）锚杆安装及注浆。

①"先注浆后插锚杆"控制要求：

a. 在钻孔内注满浆后立即插杆，锚杆插送方向要与孔向一致，插送过程中要适当旋转（人工扭送或管钳扭转），但不得大幅度摇摆或反复抽插。

b. 锚杆插送速度要缓、均，有"弹压感"时要做旋转再插送，尽量避免敲击安插。

②"先安锚杆后注浆"控制要求：

a. 锚杆安装后立即进行注浆。上仰孔排气管应延伸到孔底、灌浆管置于孔口部位，有压灌注浆液至排气管返出浓浆为止；下斜孔不需埋置排气管，但灌浆管需伸到孔底上方3～5cm处，未与杆体连成整体的灌浆管在灌浆过程中缓缓退出。

b. 灌浆过程中，若发现有浆液从岩石锚杆附近流出应堵填，以免继续流浆。

c. 浆液一经拌和应尽快使用，拌和后超过 1h 的浆液应予以废弃。

d. 无论因任何原因发生灌溉中断，应取出锚杆，并用压力水冲洗锚杆孔。若锚杆已经不能取出，则应在旁边另行钻孔布置锚杆。

e. 注装完毕后，在浆液终凝前不得敲击、碰撞或施加任何其他荷载。

4）锚筋束施工。锚筋束的工艺措施与砂浆锚杆"先插杆后注浆"部分基本相同。施工中需注意：

①锚筋束钻孔直径以锚筋束的外接圆的直径作为锚杆直径来选择。

②销筋束应焊接牢固，并焊接对中环，对中环的外径比孔径小 10mm 左右，一个钢筋束至少应有两个对中环。

③注浆管和排气管应牢固固定在锚筋束桩体上，随锚筋束桩体一起插入孔中。

2. 预应力锚杆施工工艺

（1）工艺流程。预应力锚杆施工工艺流程，见图 5-28。

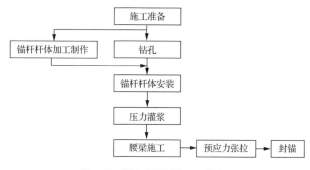

图 5-28　预应力锚杆施工工艺流程

（2）工艺措施。

1）现场试验。①砂浆配合比试验同一般锚杆施工。②根据监理人和设计的意见选择合适的位置进行预应力锚杆试验,初选 30d、45d、60d 锚固长度（或按设计图参数执行）,求单位锚固长度的锚固力,确定锚固长度。

施工前安装测量环进行锚固受力性能试验,试验应分级加载,起始荷载宜为锚杆拉力设计值的 30%,分级加载分别为拉力设计值的 0.5、0.75、1.0、1.2、1.33、1.5 倍,但最大试验荷载不能大于杆体承载力标准值的 0.8 倍。实验过程中,荷载每增加一级,均应稳压 5～10min,记录位移读数。最后一级试验荷载应维持 10min。如果在 1～10min 内,位移量超过 1.0mm,则该级荷载应再维持 50min,并在 15min、20min、30min、45min 和 60min 时记录其位移量。

试验成功后,根据实验结果,编写预应力锚杆率定和张拉试验成果表及预应力锚杆施工工艺措施,报送监理人批准,并按经监理人批准的施工工艺进行现场实际施工。

2）造孔。要求同砂浆锚杆。造孔完毕检查孔深,以锚杆就位后其外露段的丝扣长度可以安装垫板、螺帽等部件为适度。

3）锚杆杆体加固。锚杆杆加工统一在钢筋加工厂进行,具体操作要求如下:

①下料。根据锚杆设计长度、垫板、螺帽厚度、外锚头长度以及张拉设备的工作长度等,确定适当的下料长度下料。

②加工。下料完毕,根据设计图纸要求进行锚杆头丝扣加工。加工好的锚杆妥善堆放,并对锚杆体丝扣部位予以保护。

③附件组装。根据设计图纸要求,将隔离架、防腐套管、注浆管、排气导管及止浆器等附件一一组装到位。

④存放。组装完毕的预应力锚杆体,统一编号并分区堆放,妥善保管,不得破坏隔离架、防腐套管、注浆管、排气导管及其他附件,不得损伤杆体上的丝扣。

4) 孔口找平、插杆。预应力锚杆孔口采用早强砂浆做平整处理,其强度需保证能承受锚杆张拉的最大荷载。

锚杆放入锚孔前应清除钻孔内的石屑和岩粉,检查注浆管、排气导管是否畅通,止浆器是否完好。捡查完毕将锚杆体缓缓插入孔内,安装锚杆时应一次到位、不得反复抽插。

5) 垫板、螺帽安装。在锚固段灌浆结束后安装承压垫板和螺帽,承压垫板必须平整、牢固,几何尺寸、结构强度满足设计要求。承压面与锚孔轴线垂直。

6) 注浆。使用自由段带套管的预应力锚杆时,在锚固段长度和自由段长度内采取同步灌浆;使用自由段无套管的预应力锚杆时,需二次注浆,第一次灌浆时,必须保证锚固段长度内灌满,但浆液不得流入自由段,锚杆张拉固定后,对自由段进行第二次灌浆。永久性预应力锚杆应采用封孔灌浆,以浆体灌满自由段长度顶部的孔隙。

灌浆后,浆体强度未达到设计要求前,预应力锚杆不得受扰动。灌浆材料达到设计强度时,方可切除外露的预应力锚杆,切口位置至外锚具的距离不应小于100mm。

7) 张拉。预应力锚杆正式张拉前,先按设计张拉荷载的20%进行预张拉。预张拉进行两次,以保证各部位接触"紧密"。

预应力锚杆正式张拉须分级加载,起始荷载宜为锚杆拉力设计值的30%,分级加载荷载分别为拉力设计值的 0.5、0.75、1.0 超张拉荷载根据试验结果和实际图纸要求确定。超张拉结束,根据设计要求的荷载进行锁定。

张拉过程中,荷载每增加一级,均应稳压 5~10min,记录位移读数。最后一级试验荷载应维持 10min。张拉结束,将结果整理成表格报送监理人审批,作为质量检验、验收的依据。

锚杆张拉锁定后的 48h 内,若发现预应力损失大于设计值的 10% 时,需进行补偿张拉。

8) 其他。①张拉前对张拉设备进行率定,率定过程中由监理人旁站,率定结果报监理人审批。②所有张拉机具需定期进行校验。③张拉过程中保证锚杆轴向受力,必要时可在整板和螺帽之间设置球面垫圈。④垫板安装后,定期检查其紧固情况,如有松动,应及时处理。⑤对于间距较小的预应力锚杆群,应会同监理一起确定合理的张拉分区、分序,并报监理人批准,以尽量减小锚杆张拉时的相互影响。⑥灌浆材料达到设计强度后,方可切除外露的预应力锚杆,切口位置至外锚具的距离不应小于 10mm。

3. 涨壳式预应力中空注浆锚杆施工工艺

涨壳式预应力中空注浆锚杆采用锚杆凿岩机钻孔,专用高压注浆泵注浆,穿心式千斤顶、拉伸机、扭力扳手等机具进行施工。

(1) 施工工艺流程(见图 5-29)。

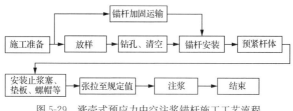

图 5-29　涨壳式预应力中空注浆锚杆施工工艺流程

（2）施工工艺措施。

①预应力锚头安装及预应力施工。钻孔完成并彻底清孔后,将安装有涨壳锚头的杆体直接插入成孔底部;安装后必须用力预紧杆体,保证锚头顶端与孔底部紧贴并左旋锚杆体直至旋紧后,再安装止浆塞、垫板、螺母;然后连接常规张拉工具(如锚杆拉力计),实施预应力张拉至规定值。

②注浆。注浆的目的是使浆液包裹预应力锚杆体,有效地防止杆体锈蚀致使锚失效;同时,浆液充填裂隙,改良围岩。所以,注浆必须注意质量,保证注浆饱满,采用配套的专用注浆机和注浆接头,以保证整个预应力锚固体系的有效性。

考虑到预应力锚杆注浆的目的主要在于防止杆体锈蚀,以及充填裂隙,改良围岩,故采用具有良好渗透性的纯水泥浆进行注浆。

注浆在张拉结束后进行,具体步骤如下:将注浆机推入现场,接好注浆管及电源→按设计配比搅拌好浆液,并将其倒入注浆机中→开动注浆机,浆液注入锚孔中,直到锚杆尾端流出浆液且注浆压力达到设计值为止→取下注浆接头,进行下一根锚杆注浆,直到所有锚杆注浆完毕→清洗设备。

4. 挂钢筋网施工工艺

钢筋网由屈服强度为 240MPa 的光面钢筋加工而成。先喷 3～5cm 厚的混凝土,再尽量紧贴岩面挂钢筋网,对有凹陷较大部位,可加设膨胀螺杆拉紧钢丝网,再挂铺钢筋网,并与锚杆和附加插筋(或膨胀螺栓)连接牢固,最后分 2～4 次施喷达到设计厚度。

（1）施工工艺流程见图 5-30。

（2）施工工艺措施:①按设计要求的钢筋网材质和尺寸在洞外加工场地制作,加工成片,其钢筋直径和网格间距符合图纸规定。②按图纸所示或监理工程师批准的部位安装钢筋网,施作前初喷一定厚度混凝土,形成钢筋保护层后铺挂,钢筋网与锚杆或其他固定装置连接牢固。且钢筋保护层

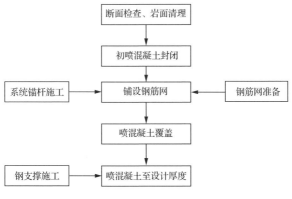

图 5-30　挂钢筋网施工流程

厚度不得小于2cm。③钢筋网纵横相交处绑扎牢固;钢筋网接长时搭接长度满足规范要求,焊接或绑扎牢固。④钢筋网加工前钢筋要进行校直,钢筋表面不得有裂纹、油污、颗粒或片状锈蚀,确保钢筋质量。

知识链接

　　★竖井或斜井中的锚喷支护作业应遵守下列安全规定:

　　1.井口应设置防止杂物落入井中的措施。

　　2.采用溜筒运送喷射混凝土混合料时,井口溜筒喇叭口周围应封闭严密。

　　——《水利工程建设标准强制性条文》

（2016年版）

5.型钢支撑施工工艺

（1）施工工艺流程见图5-31。

（2）施工工艺措施。

①钢架放样制模。根据不同的工字钢制作半径,制作不同规格的模具。工字钢钢架的制作精度靠模具控制,故对模具的制件精度要求较高,模具制作控制的主要技术指标主要有内外弧长、弦长及半径。

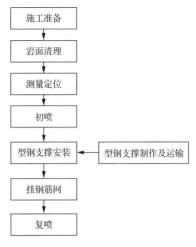

图 5-31　型钢支撑施工工艺流程

　　模具制作采用实地放样的方法,先放出模具大样,然后用工字钢弯曲机弯出工字钢,并进行多次校对,直至工字钢的内外弧长度、弦长、半径完全符合设计要求,精确找出接头板所在位置。

　　②钢架弯曲、切割。工字钢定长 9m,用工字钢弯曲机加工,并根据加工半径适当调节液压油缸伸长量。工字钢弯曲过程中,必须由有经验的工人操作电机,进行统一指挥。工字钢经弯曲机后通过模具,并参照模具进行弧度检验,如弧度达不到要求,重新进行弯曲,弯好后,暂时存放在同样的 4 只自制简易钢筋凳(带滚筒)上。

　　弯好一个单元切割一个单元,工字钢切割时可采用量外弧长度、量内弦长度等办法,利用定型卡尺控制工字钢切割面在径向方向上,然后用石笔画线,利用氧焊切割,切割时,切割枪必须垂直于工字钢,并保证切割面平整,切割完后,对切割面突出的棱角进行打磨。

　　单根 9m 长工字钢弯曲结束之前需暂停弯曲,并将下一根 9m 长工字钢与其进行牢固焊接,然后继续进行弯曲。当班加工剩余的工字钢需抬至存放场地放好,并对工字钢弯曲机进行清扫。

③接头板焊接。被弯好的工字钢经切割后,再检查工字钢弧长,如工字钢偏短,无法焊接接头板,需进行接长处理;如工字钢偏长,则需进行二次切割。工字铜弧度、长度满足设计要求后,将接头板放入卡槽内,对切割线偏离径向方向偏差很小的工字钢,通过接头板进行调节,保证接头板轴线在径向方向。接头板焊缝按规范要求控制。接头板上的螺栓孔必须精确,与工字钢焊接时,必须上、下、左、右对齐固定后,方可进行焊接,焊接完成后,对螺栓孔、接头板面进行打整,减少工字钢组装连接时的误差。

制作好的工字钢半成品需统一存放,并将不同半径、单元的钢架做好标识,便于领用。存放工字钢需下垫上盖。存放场尽量布置在交通方便处,便于钢架搬运。

④型钢支撑运输。钢架运输采用自卸车运输至施工现场,加工厂在发放钢架时必须按钢架规格认真发放。钢架运至工作面后,须存放于干燥处并标识清楚,禁止堆放在潮湿地面上。当班技术员架设钢架前必须仔细检查钢架规格,如规格误领,必须立即退回,重新领用。

⑤型钢支撑安装。欠挖处理、清除松动岩石:作业人员根据测量放线检查欠挖情况,欠挖 10cm 以内的,由架设钢筋作业人员采用撬棍或风镐处理,同时对松动石块作撬挖处理。大于 10cm 的欠挖,由爆破作业人员进行爆破处理后,架设网架人员检查岩石松动情况,清除松动岩石,保证架设钢架时的施工安全。欠挖处理结束后,经现场技术人员检查合格方可架设钢架。

架设钢架:架设钢架在架子车上进行。运至现场的工字钢,由 1~2 名工人将工字钢搬运至架设地点,并将工字钢一端用绳子拴紧,工作平台上 3~4 名工人将工字钢提到工作平台上,施工人员根据钢架设计间距及技术交底记录找准定位点,先架设钢架底脚一节,架设底脚一节时,工作平台上先放下底脚一节,下边 2 名工人进行底脚调整,以埋设的参照点进行调整,使钢架准确定位,严格控制底部高程,底部有超欠挖地方必须处理,工字钢底脚必须垫实,以防围岩变形,引起工字钢下沉,工字钢架设的同时,用 $\phi25$ 连接钢筋与上一级工字钢进行连接,并与锚杆头焊牢。工字钢对称架设,架设完底脚一节后,进行拱顶一节的架设,架设拱顶一节时,先上好 M20 连接螺栓(不上紧),用临时支撑撑住工字钢,用 $\phi25$ 连接钢筋与上一级工字钢连接,再对称安装另一节拱顶工字钢,安装完成后检查拱顶、两拱脚与测量参照点引线的误差,再进行局部调整,最后拧紧螺栓。作业人员首先进行自检,检查合格后,通知值班技术人员进行检查。

型钢支撑应装设在衬砌设计断面以外,如因某种原因侵入到衬砌断面以内时,须经监理人批准;钢支撑之间采用钢筋网(或钢丝网)制成挡网,以防止岩石掉块。钢丝(筋)网挡网采用焊接或其他方式与钢支撑牢固连接。混凝土施工前,按监理人的指示,拆除一定范围的上述钢筋网(或钢丝网),以保证混凝土衬砌尽量填满空隙。

6. 钢筋格栅拱架施工工艺

(1) 施工工艺流程。

①钢筋格栅拱架施工工艺见图 5-32。

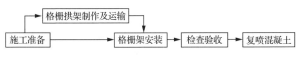

图 5-32　钢筋格栅拱架施工工艺流程

②钢筋格栅拱架制作的工艺流程见图 5-33。

图 5-33　钢筋格栅拱架制作工艺流程

(2) 钢筋格栅拱架施工工艺措施。钢筋格栅拱架现场安装程序及工艺措施与型钢支撑安装程序及工艺措施基本相同。

7. 喷混凝土施工工艺

（1）工艺流程。混凝土均采用"湿喷法"进行施工。施工时，喷混凝土与开挖、锚杆施工平行跟进、交叉作业，除特殊地质段按先喷后锚的程序外，其他部位均按图 5-34 工艺流程进行施工。

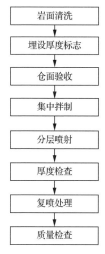

岩面清洗

埋设厚度标志

仓面验收

集中拌制

分层喷射

厚度检查

复喷处理

质量检查

图 5-34　喷混凝土一般施工工艺流程

（2）工艺措施。

1）现场试验。结合以往施工经验，通过室内试验即可优化选择出既满足施工需要，又符合设计要求的喷射混凝土生产工艺参数和配合比。钢纤维混凝土施工可借鉴其他类似工程项目的施工经验，用成功经验辅导现场生产性工艺试验，以确定使用配合比和工艺参数，其方法步骤如下：

①通过室内试验筛选 2～3 组配合比，并编写试验大纲报批，用于生产性试验。

②选择场地（或监理指定），按围岩类别和部位不同选 6～9 个有代表性部位进行生产性试验。

③按设计和试验大纲要求，采用筛选出的配合比分别进行喷射作业，喷射范围暂定 $10m^2$（或一个单位体积），按规范

要求在喷射岩面设足够的木模或无底钢模(检测抗压、抗拉、抗渗、与岩面黏结强度等),同时按试验规范分别取样做标准试块,按相同条件进行养护。

④将符合设计要求的试件的物理特性进行对比(含爆破影响程度)。

⑤整理分析试验记录,综合回弹量、强度保证率以及施工工效等因素,选择合适的配合比和施工工艺参数,报送设计监理单位审批。

2)准备工作。埋设好喷厚控制标志,作业区有足够的通风照明,喷前要检查所有机械设备和管线,确保施工正常。对渗水面做好处理措施,备好处理材料,联系好岩面取样准备。

3)集料拌制及运输。工程喷混凝土使用的集料全部在拌和站集中拌制,若采用容量小于 400L 的强制式搅拌机拌料,搅拌时间不得少于 1min;自落式搅拌机拌料的搅拌时间不得少于 2min;混合料有外加剂时,搅样时间应适当延长;钢纤维喷混凝土采用钢纤维播料机向混合料添加钢纤维,搅拌时间不少于 3min。

拌制好的半成品集料运输、存放要有可靠的防雨、防污染措施,集料入机前严格过筛,其运输、存放时间应符合指标,集料采用 8m³ 混凝土搅拌运输车运输。

拌制集料的原材料品质要求如下:

①水泥。拌和用水泥选用符合国家标准的普通硅酸盐水泥,钢纤维混凝土水泥标号不低于 P·O32.5。

②骨料。拌和用细骨料应采用坚硬耐久的粗、中砂,细度模数宜大于 2.5,含水率控制在 5%~7%;粗骨料采用坚硬耐久的卵石或碎石,粒径不超过 15mm;不得使用含有活性二氧化硅的骨料。

③外加剂。速凝剂的质量应初凝时间不得大于 5min,终凝时间不得大于 10min,选用外加剂需经监理人批准。

4)清洗岩面。清除开挖面的浮石、墙脚的石渣和堆积物;处理好光滑开挖面;安设工作平台;用高压风水枪冲洗喷面,对遇水易潮解的泥化岩层,采用压风清扫岩面;埋设控制喷射混凝土厚度的标志;在受喷面滴水部位埋设导管排水,导水效果不好的含水层可设盲沟排水,对淋水处可设截水圈排水。仓面验收以后、开喷以前对有微渗水岩面要进行风吹干燥。

土质边坡除需将边坡和坡脚的松动块石、浮渣清理干净,还应对坡面进行整平压实,然后自坡底开始自下而上分段分片依次进行喷射。严禁在松散土面上喷射混凝土。

5)钢筋网和钢纤维。钢筋网由屈服强度为240MPa的光面钢筋(I级钢筋)加工而成。挂网前先喷3~5cm厚的混凝土,再尽量紧贴岩面挂钢筋网,对有凹陷较大的部位,可加设膨胀螺杆拉紧钢丝网,再挂铺钢筋网,并与锚杆和附加插筋(或膨胀螺栓)连接牢固,最后分2~4次喷射达到设计厚度。

6)喷射要点。喷射混凝土作业分段、分片依次进行,喷射顺序自下而上,避免回弹料覆盖未喷面。分层喷射时,后一层在前一层混凝土终凝后进行,若终凝1h以后再行喷射,应先用高压水枪冲洗喷层面。喷射作业要跟开挖工作面,混凝土终凝至下一循环放炮时间不得少于3h。

喷射作业严格执行喷射机的操作规程:应连续向喷射机供料;保持喷射机工作风压稳定;完成或因故中断喷射作业时,应将喷射机和输料管内的集料清除干净,防止管道堵塞。

为了减少回弹量,提高喷射质量,喷头应保持良好的工作状态。调整好风压,保持喷头与受喷面垂直,喷距控制在0.6~1.2m范围,采取正确的螺旋形轨迹喷射施工工艺。刚喷射完的部分要进行喷厚检查(通过埋设点、针探、高精度断面仪检测),不满足厚度要求的,及时进行复喷处理。挂网处要喷至无明显网条位置。

7)养护、检测。喷射混凝土终凝2h后,应喷水(雾)养护,养护时间一般不得少于14d,气温低于5℃时不得喷水养护。

及时取芯检测、按期汇总检测报告,并及时进行质量评定和工程质量验收。钻芯按监理人要求在指定位置取直径100mm的芯样做抗拉试验,试验结果资料报监理人。所有钻芯取样的部位,应采用干硬性水泥砂浆回填。

三、现浇混凝土衬砌支护

在开挖后的洞室中,为承受山岩或其他荷载的压力,保证围岩稳定,防止围岩风化,封堵渗水、漏水和保证建筑物的正常运转,往往需要在建筑物的开挖壁面上进行加固处理。采用现浇混凝土衬砌,是加固处理的一种形式。

1. 衬砌的分缝分块

平洞一般洞身较长,由于结构设计要求和施工能力的限制,一般沿洞长方向分段进行施工。同时,在横断面上,也需分块进行混凝土浇筑,这就是所谓的分缝分块。

(1) 衬砌分段(即分缝)。在确定分段长度时应考虑下列因素:

1) 围岩岩体的抗渗性能(包括经过固结灌浆的岩体)是否可靠。如果围岩有比较高的抗渗能力,则隧洞分段长度可不受限制,每次的浇筑长度以施工能力进行控制。

2) 衬砌的分段长度,应考虑隧洞的用途(如过水或不过水、受震动或不受震动等)。

3) 按照施工安全的要求,确定衬砌长度。如围岩稳定,开挖后什么时间衬砌都可以,分段长度可以长一些,但这时应考虑围岩对衬砌的约束;若围岩不稳定,开挖后要求尽快衬砌时,从施工安全出发,不允许分段太长。

4) 对于引水隧洞,若有较高的防渗要求,混凝土浇筑块的分段长度一般以 9~12m 为宜;当采用双层钢筋混凝土衬砌时,分段可以适当地加长。如采用光面爆破或预裂爆破,因减少了围岩的起伏差和降低了围岩对衬砌的约束作用,分段长度也可适当增加。

5) 交叉洞的分缝长度,主要考虑施工安全因素。平洞分段之后,为了争取混凝土浇筑的连续性,常采用跳仓或分段流水浇筑的方法,如图 5-35 所示。

跳仓浇筑,表示按分段编号,先浇①、③、⑤…段,后浇②、④、⑥…段。

分段流水浇筑,是将全洞分成若干个大段(Ⅰ、Ⅱ、Ⅲ

…),每个大段又分若干个小段(①、②、③、④…),按照一定次序组织流水施工。如先浇①、④、⑦…段,再浇②、⑤、⑧、…段,最后浇③、⑥、⑨、…段。

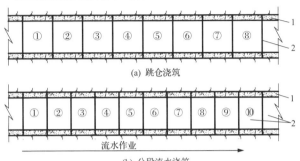

(a) 跳仓浇筑

(b) 分段流水浇筑

图 5-35 平洞衬砌分段浇筑顺序
1—衬砌混凝土;2—段间的分缝
①、②、③、④…—分段序号;Ⅰ、Ⅱ…—大段序号

预留空档的浇筑方法如图 5-36 所示。即在浇筑段之间预留空档,这时,相邻浇筑段的施工互不干扰,有利于把大部分的衬砌及时做好,可防止围岩风化、掉块、坍塌,但这样做的结果却增加了施工缝的处理工作。空档宽度一般预留 1m 左右,待以后填补。由于空档两端受到先浇块的限制,每个空档填塞的混凝土量虽少,但填补起来比较麻烦。因此,这种方法,一般只有在地质条件不好时才被采用。

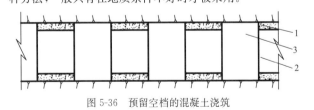

图 5-36 预留空档的混凝土浇筑
1—止水;2—缝;3—空档

(2) 衬砌分块。在平洞的横断面上可一次浇筑,也可分块浇筑,主要取决于施工设备、技术条件和断面大小。分块施工时,接缝一般设在衬砌结构的转折点附近,或结构内力

较小的部位,如图 5-37 所示。

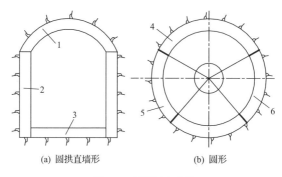

图 5-37　平洞衬砌分块
1、4—顶拱;2—边墙;3—底板;5—边拱;6—底拱

　　为了保证结构的整体性,缝面处应设置键槽和适当布置插筋,受力钢筋应直接通过缝面,分缝处不得切断。浇混凝土前,缝面应凿毛,以利结合。浇筑顺序,一般是先底拱(板),后边拱(墙)和顶拱。这样,当浇边拱和顶拱时,由于底拱已经浇好,立模和混凝土运输都比较方便。但有时因地质条件不好,要求先浇顶拱后浇边墙,而且衬砌和开挖常常平行施工,这时还会出现反缝的处理问题。例如,先浇顶拱,待浇边拱时,边拱与顶拱的交接处就是反缝;再浇底拱时,底拱与边墙的交接处也是反缝。反缝的处理,除了上述一般缝面处理的要求外,为了保证衬砌的整体性,有时还要进行灌浆处理,以确保结合良好。

　　2. 衬砌混凝土浇筑

　　(1)模板架立。在模板架立和混凝土浇筑前,要做好一切准备工作,例如:修帮、清渣、搭设脚手架、预理仪器和管件、绑扎钢筋等工作。

　　模板的形式中有现场拼装的模板、有滑模钢模台车等,这要根据断面形状与大小、机械设备等情况进行选择。下面着重介绍现场拼装模板与钢模台车。

　　随着隧洞断面上浇筑顺序不同,现场拼装模板架立的顺序也不同。如浇筑顺序为底拱、边拱和顶拱时，对于底拱，如果中心角不大，则只架立两侧的端部模板，而在混凝土浇筑后，用弧形板将表面刮成圆弧即可；当中心角较大时，一般采用悬吊式模板，如图5-38所示。施工时应先立端部模板，再立弧形模板的桁架，然后随着混凝土的浇筑，逐渐自中间向两旁安上悬吊式模板。混凝土自仓面运来，但运输系统的支撑不能和模板桁架连在一起，以免仓面震动而引起模板走样。当浇筑边墙和顶拱时，可用桁架式模板，见图5-39、图5-40。通常是先将桁架拼装好并安装就位，再立面板。

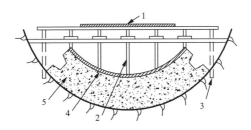

图5-38　底拱悬吊模板

1—脚手板；2—固定模板的悬吊杆；3—支撑边柱；4—悬吊模板；5—已浇混凝土

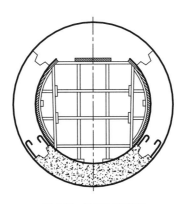

图5-39　边拱桁架模板

　　钢模台车是为大中型隧洞专门制作的可移动钢模台车。台车主要由车架和绕铰转动的模板组成。车架可沿专用的

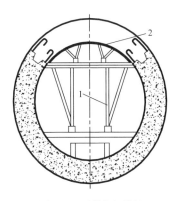

图 5-40　顶拱桁架模板

1—支撑立柱；2—顶拱模板

轨道移动，上面装有垂直和水平的千斤顶。当台车的轨道轴线与洞轴线不一致时，可通过垂直千斤顶的水平螺杆来调整模板的水平位置。面板由 3～4mm 的钢板和型钢组成，并分成若干块铰接在一起，靠水平千斤顶调整定位。混凝土可通过脚手平台运来，经模板上预留的窗口送入仓内。边拱模板，一般随浇筑层的上升而逐层安装，以便于混凝土入仓。顶拱模板也需预留几个窗口进料。逐层上升逐层封堵窗口，以防混凝土流出。如果相邻段尚未浇筑，则工作人员可以退到相邻段，封堵最后一个窗口时，由侧面挡板处预留的小窗进料，直到全部浇完。如果相邻段已浇混凝土，无法从侧面进料时，只能从最后一个窗口进行封拱。

（2）混凝土浇筑的机械化施工。在地下建筑物施工中，随着其断面大小的不同，采用的输送混凝土的施工机械也不同。大断面可用汽车、皮带机等大型运输机械，混凝土通过漏斗溜槽入仓；或者采用机动灵活的混凝土泵和风动输送泵等机械运输。

1）混凝土泵输送混凝土。混凝土泵工作原理和一般的往复式水泵相似，即在活塞缸内往复运动的柱塞将盛料斗中的混凝土吸入并压出，经管道运至浇筑地点。

混凝土泵水平运送距离可达 300m,垂直运送距离可达 40m;最大小时生产率可达 40m³,平均达 12～20m³;其管径可达 150～205mm。

为了保证混凝土泵的顺利工作,施工中应注意下列问题:

①混凝土拌和机的生产能力至少应比混凝土泵大 20％;

②泵送混凝土前,应先送 0.3～0.4m³ 的稠水泥浆,以润滑管壁;

③管道端部,应尽量向高处设置,以便尽可能的增加浇筑范围;

④混凝土浇完后应及时清洗管路。

泵送混凝土的配套机械可参考表 5-18。

表 5-18　　边顶拱浇筑时与混凝土泵配套的机械设备

	项目	方式Ⅰ	方式Ⅱ
主要设备	混凝土运输	电瓶机车牵引斗车	自卸汽车或混凝土搅拌车
	卸料、受料装置	皮带机卸料坑和提升料斗	斜坡道和受料斗,卸料坑和提升斗
	混凝土入仓	混凝土泵	大型混凝土泵
	模板	钢模台车和 30～36m 的钢模	钢模台车和 30～36m 的钢模
	适用范围	50m² 以下的中小隧洞	50～100m² 的大型隧洞

2) 风动输送泵输送混凝土。是将混凝土从拌和机直接装入风泵中,关闭风泵活门,然后送风(风压为 $6×10^5 ～8×10^5$ Pa),混凝土被压出风泵,沿管路以 1～2m/s 的速度运行到减压器,降低速度和冲力,改变运动方向并喷出管口。风泵是用钢钣焊成梨形桶,可承受 $15×10^5$ Pa,泵桶的容积应比装入的混凝土体积大 10％～20％,整个风泵安装在移动的车架上或固定在机架上。

风泵的最大水平运输距离可达 300～350m,垂直可达 30

~60m,生产率平均为 $8\sim12m^3/h$。风泵对混凝土配合比的要求,基本上和混凝土泵相同,其不同之点:风动输送泵是间歇式的运输,而混凝土泵是连续式的运输;风动输送是依靠压缩空气的压力将混凝土挤出去的,而混凝土泵是依靠缸内的活塞压出。

风泵所需要的空压机,主要根据输送距离进行选择。常用风量为 $3\sim6m^3/min$ 的空压机,风压与运距的关系可参考表 5-19。

表 5-19 风动输送混凝土风压与运距的关系

输送距离/m	压力/10^5 Pa		
	水平运送时	垂直升高 10m 时	垂直升高 20m 时
150 以内	2.5	4.5	5.5
150~225	3.0	4.0	5.0
225~300	3.0	4.5	5.5

3. 衬砌封拱

所谓平洞的衬砌封拱,就是在混凝土浇筑完毕后将拱顶未充满混凝土的空隙和预留的进出窗孔予以封堵。

封拱方法,多采用封拱盒封拱和混凝土泵封拱。封拱前,工人在拱顶最后一个预留窗口,应尽力把能浇筑的部位浇好,然后从窗口退出,并在窗口四周立模,使窗口浇成方形孔。待混凝土达到 1MPa 强度后,将堵头模框拆去,并凿毛和安装封拱盒。封堵时,先将混凝土从盒侧活门装入,在用千斤顶顶起活动封口板,盒内混凝土压入待封部位即告完成。

混凝土泵封拱。泵体一般安置在搅拌机旁,输送混凝土的导管则沿地面或利用脚手架平台铺设,管路进入浇筑部位之前才升到拱顶内,这样的方法叫垂直封拱法。在导管末端接上冲天尾管伸入仓内,尾管出口处与岩面距离应保持 20~30cm,以保证混凝土在自流扩散情况下,尽量使空隙减少。冲天尾管的数目视仓面长度和混凝土扩散半径而定,一般沿洞轴线方向 5～6m 设一根。封拱时为了排除和调节仓内的空气、检查拱顶充满程度,可以在仓内岩面最高地方设置通气管,在仓内的中央部分设置进人孔(以便工人入仓进行工作),见图 5-41。

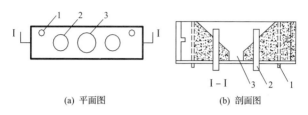

(a) 平面图   (b) 剖面图

图 5-41 通气孔和进人孔

1—通气孔;2—冲天尾管;3—进人孔

混凝土泵封拱步骤:当混凝土浇筑到顶拱时,撤出各种设备器材,工人将浇筑段两端的混凝土尽量升高使其成斜坡。当混凝土上升到与进人孔齐平时,仓内工人全部撤出,封闭进人孔,同时增加混凝土的坍落度至 14cm 左右。当两个通气管开始漏浆时,说明顶拱已填满,混凝土泵停止工作。然后把尾管上包着预留孔眼的铁皮去掉,在孔眼中插入细钢筋头以防混凝土下落,最后拆除导管。待混凝土凝固后,将尾管割掉并用砂浆抹平,封拱工作即全部结束。

4. 衬砌后的回填灌浆与固结灌浆

衬砌后的混凝土达到一定强度,并得到充分收缩之后,一般都需要进行灌浆处理。根据目的不同,可分固结灌浆与回填灌浆两种。

回填灌浆,主要是要求浆液充填衬砌结构与拱顶岩石之间的缝隙,或钢板衬砌与钢筋混凝土之间的缝隙。对于前者,因为拱顶部位往往难以浇满,因此,回填灌浆孔常布置在拱顶一定范围之内(一般在圆心角 50°左右的范围内)。回填灌浆孔的深度要求埋入岩面内 20～30cm,孔距和排距为 2～4m,灌浆压力为 0.2～0.5MPa,回填灌浆工作一般在混凝土强度达到 70% 以上进行。为避免围岩坍塌和地下水浸蚀,回填灌浆工作不能拖的太晚,最好在衬砌后的两个月内进行。

固结灌浆的目的,主要是加固围岩。灌浆范围、孔距、孔深和灌浆压力,应根据地质条件、衬砌的结构形式、内外水压大小、围岩防渗和加固要求以及施工条件等因素,通过灌浆试验分段确定。固结灌浆孔布置在平洞周围,一般应深入岩内 2～5m。对大直径隧洞或地质条件不良地段,可根据具体条件作孔深适当加长。孔距和排距一般为 2～4m,灌浆压力为 0.4～1.0 MPa,对于高压隧洞,灌浆压力还可提高。当然,通过充分论证,对地质条件较好地段,也可不做固结灌浆处理。固结灌浆,一般是在回填灌浆完成后 7～14d 进行。

在灌浆施工中,应随时注意围岩的动态,以防压力过大,使衬砌结构发生破裂。为了检查灌浆质量,还要适当布置一些检查孔。为了减少钻孔工作量,在进行混凝土衬砌施工时,就应该按设计要求把灌浆孔的位置预留出来。一般是用直径为 50mm 左右的木棒,插入布孔位置,待混凝土拆模后,拔出木棒即为预留孔。在预留孔中钻孔灌浆后,可沿平洞轴线方向逐步加密的原则进行。在横断面上则应是由下而上对称的进行灌浆。对于纵坡大于 10°的隧洞,应从低端开始灌起,以保证施工质量。

四、大型地下洞室交叉口开挖支护施工

1. 适用范围

该工法适用于大型地下引水发电系统地下洞室群交叉口施工,以及地下停车场、防空隧洞掩体等工程的交叉口施工。

2. 施工工艺流程

大型洞室交叉口施工工艺流程见图 5-42。

3. 水电站大型洞室交叉口施工通道规划及施工

大型地下厂房在发电机层有母线洞与之相贯,在蜗壳层与引水隧洞相贯,下部尾部与尾水扩散段相通。交叉口众多,合理制定施工程序,提前完成小洞室开挖支护,并对厂房围岩预加固,既减少对关键线路项目直线工程占用,规避施

工干扰,改善施工交通,同时有利于厂房高边墙的围岩稳定。为此,合理规划施工通道至关重要。

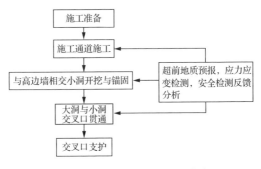

图 5-42 大型洞室交叉口施工工艺流程

根据上述布置特点,提前实现引水隧洞、母线洞、尾水扩散段与厂房高边墙贯通,则需要规划三条施工通道,即至尾水扩散段通道、至引水下平洞施工通道、至母线洞施工通道。

至引水下平洞施工通道:考虑压力钢管的运输时断面较大,宽7～8m,一般从进厂交通洞开口,采用下坡,垂直横穿引水下平洞,兼顾引水斜井(竖井)及下游至厂房的下平段施工。

至母线洞施工通道:断面适中可采用 6.0m×6.0m(宽×高),满足设备装、运渣需求,以及喷锚台车通行需求。一般从主变交通洞开口至横穿主变室,再垂直分叉贯穿各条母线洞。

至尾水扩散段通道:布置在主厂房至尾水调压室之间,垂直横穿各条尾水扩散段(或尾水连接管),断面采用 8.0m×7.0m(宽×高)。

施工通道施工工艺流程见图 5-43。

施工中具体要求有如下几点:

测量放线,确定洞口及锁扣锚杆位置,锁扣锚杆根据围岩情况确定,一般距离洞口边线 50cm,外插 10°～15°,设置两

图 5-43　施工通道施工工艺流程

排,间距 1.0～1.2m,深度为洞径(或跨度)的 1.5 倍,交错布置。

洞口采用"短进尺、弱爆破、强支护"施工方法,采用小导洞(3.0m×3.0m),直眼掏槽,控制进尺不大于 2.0m,导洞伸入洞内 2 倍洞径口,扩挖至设计断面。根据围岩出露情况,确定是否在洞口一倍洞径范围内架设型钢拱架进行加强支护。

施工通道在距离主体洞室 20m 时,采用短进尺、多循环、弱爆破施工,直至穿过主体洞室,采用周边光面爆破技术,孔间距 50cm。

施工通道与主体洞室交叉口 1 倍洞径架设型钢拱架加强支护。

4. 母线洞、引水下平洞与主厂房高边墙交叉口段先洞后墙施工

施工工艺流程如图 5-44 所示。

图 5-44　先洞后墙施工工艺流程

洞室开挖高边墙主要存在围岩卸荷变形及块体滑移问题,高边墙洞室开挖成败的关键在于是否能有效控制住开挖下降过程中围岩变形,持续发展到有害松弛和破坏程度。周密可靠的交叉口施工措施及开挖过程中安全检测与反演分析,是确保洞室高边墙稳定的有力保障。

在主厂房上部开挖的同时,择机进行下部发电机层的母线洞、水轮机层的引水平洞与主厂房高边墙的贯穿施工。

导洞开挖:从母线洞、引水下平洞采用中上导洞,跳洞开挖至厂房内 1.5～2.0m,导洞尺寸满足出渣、支护设备运行

要求即可,中下导洞顶拱与设计开挖线一致,便于适时进行系统锚喷支护。

扩挖及支护跟进:地质条件较好部位导洞超前 15～20m,大型断面扩挖采用分区扩挖,左、右可滞后 1～2 排炮。距离交叉口 2 倍洞径时,进行控制爆破,采用"导洞超前、短进尺、小药量、多循环、少扰动"工艺,测量放出周边孔尾线方向,精确控制造孔方向。扩挖时采用光面爆破,周边孔孔间距控制在 50cm 以内,小药卷间隔不耦合装药,周边孔装药密度为 180～220g/m。采用"新奥法"原理,系统支护由浅表至深层适时跟进,程序为初喷混凝土 3～5cm→锚杆支护→挂网→复喷混凝土至设计厚度→深层锚筋桩、锚索支护,采用现代化成龙配套的大型施工机械设备,如迈斯特湿喷车、353E 凿岩台车、平台车等保证了支护的及时性,确保了安全,加快了施工进度。

洞口段加强支护:根据地下厂房洞室群施工期快速监测与反馈分析成果汇报,在高边墙下挖至交叉口洞室顶拱 1～1.5 倍洞径采用钢拱架加强支护,钢拱架采用型钢加工制作,拱架榀间距 0.8m,榀间沿洞轴方向设置φ25 纵向连接筋,连接筋间距 0.8m,榀间交错布置,环向设置锁脚锚杆。型钢拱架原则上不侵占结构面,在开挖过程中将架设部位结构断面外扩 20cm。

高边墙贯通:与交叉相贯的高边墙开挖采用两道预裂,第一道预裂为设计边线,第二道距离设计边线不小于 4.0m,形成双保险,采用薄层开挖随层支护,层高控制在 4.5～6.0m,中部拉槽,形成临空面。

施工期监测与反馈分析:根据洞室布置及围岩情况布置检测断面,同一检测断面应布置多点位移计、锚索测力计、锚杆应力计、长观孔等综合监测项目,通过监测及数值模拟反演分析,对下一步支护及施工提出支护及开挖程序的相关建议。

5. 尾水管与厂房交叉口施工

(1) 尾水管与厂房交叉口施工流程见图 5-45。

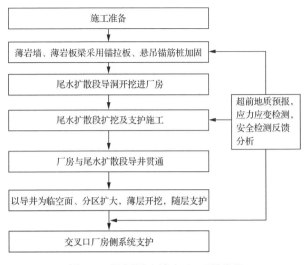

图 5-45 尾水管与厂房交叉口开挖流程

(2) 施工准备:分析研究施工期快速监测及反馈分析成果,揭露地质等资料,制定开挖、支护程序施工方案。

(3) 锚拉板、悬吊锚筋桩(锚索)施工:悬吊支护的锚筋桩(或锚索)的作用是悬吊压力拱内松散岩体,防止岩体进一步松散,形成组合梁受力体系,防止层状岩体松散塌落,造成累进垮塌。锚筋桩施工质量是保证锚拉板作业的关键,锚筋桩施工采用轻型潜孔钻造孔,孔径以 3 根 ϕ32 锚杆加注浆管外接圆为基础按规范要求选择钻孔孔径,垂直岩面往下造孔的采用先插杆后注浆的施工工艺,注浆管深入孔底,排气管布置在孔口或不布置排气管。杆体采用 QY25t 吊车辅助人工注装,锚筋桩钢筋接头错开不小于 1.5m。垂直锚筋桩布两个 18mm 进浆管,设一根 16mm 排气管,一束锚筋桩对中环设置不小于两个。预应力锚索采用自由式单孔多锚头防腐性预应力锚索,该锚索对破碎软弱等复杂地层具有较好的适应性。锚筋桩结构见图 5-46。

(4) 尾水管开挖支护程序:先进行母线洞至尾水管的悬

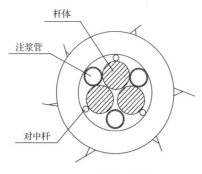

图 5-46　锚筋桩结构

吊锚筋桩(锚索)的支护施工→中上导洞(8m×9m)至厂房机组中心位置→尾水管扩挖、系统支护跟进→一倍洞径型钢拱架支护。

(5)厂房下部尾水管开挖支护:厂房两条尾水管之间岩墙厚度小于一倍洞径时,宜采用锚拉杆加固处理,开挖时挖除 60～80cm,浇筑 C30 钢筋混凝土锚拉板(锚拉板施工工艺流程如图 5-47 所示),锚筋采用 3ϕ32mm,沿机坑槽周边布置,中部加强。在尾水管与厂房水轮机层贯通前,先进行钢筋混凝土锚拉杆施工,锚拉杆以锚筋桩和混凝土盖板为受力体系,形成桩体受力体系,杆体锁住岩层,约束围岩松弛及不利裂隙沿层面发展。

图 5-47　锚拉板施工工艺流程

在锚拉板施工完成后从厂房水轮机层采用轻型潜孔钻机钻孔至尾水管下部导洞,导井直径大小约 3.0m,采用"提药法"分段自下而上爆破导井,基坑扩挖支护遵循"薄层开挖,随层支护"的理念。坑槽均采用手风钻小药量、精细化施工,设计轮廓线光面爆破。"提药法"开挖,适用于开挖小断面竖井(2.0～4.0m)、深度又不深(10～20m)、下部有导洞部分。先用轻型潜孔钻造孔,用铅丝(或尼龙绳)悬吊药卷和封堵沙袋,自下而上分段爆破开挖的施工方法,分段深度一般为 1.0～1.5 倍洞径,孔间采用非电毫秒雷管分段,磁电雷管起爆。

以导井为临空面、分区扩大、薄层开挖,随层支护。开挖好后,及时进行基坑薄岩墙预应力锚杆施工,对穿预应力锚索、锚筋桩支护跟进。

(6) 尾水连接管、尾水洞与调压室交岔口施工:尾水系统布置形式多样,就布置而言,以圆筒阻抗式调压井最为典型,小湾、拉西瓦、糯扎渡、锦屏一级等巨型水电站均采用"三机合一"的布置形式,即三条尾水管交会到一个调压室经一个尾水隧洞与下游河道连接,这种布置格局在尾调室下部形成五岔口。五岔口处挖空率高,二次应力状态复杂,在洞室交会部位会出现应力集中和较大的塑性区,薄岩柱(体)易产生有害变形。确保洞室稳定,控制有害变形是竖井(五岔口部位)开挖的重点和难点。

针对这种大型"五岔口"布置,采取先洞后井,先锁脚后贯通的整体施工程序。先从尾水洞上层开挖 8m×8m 导洞,贯穿调压室底部至尾水连接管洞顶部,采用中下导洞超前 15～20m,导洞顶拱支护跟进,扩挖随后进行。根据高地应力破坏形式机理,采取先靠江侧后靠山侧的扩挖顺序,扩挖后及时进行浅表层的锚喷支护,深层锚索支护跟进。交叉口一倍洞径范围架设型钢拱架加强支护,在尾水拱脚布设 $\phi32$,$L=9.0m$,$T=120kg$ 的预应力加强锚杆,尾水连接管洞间岩墙拱脚部位增加 2～4 排 $T=1000kN$ 对穿锚索。

在大井(开挖尺寸大,普遍断面面积为 180～1350m²)开挖过程中,采用反井钻机钻 $\phi1.4m$ 导井贯通至下部导洞,先自下而上扩井至 3.0m,再自上而下扩至 6.0m(或 12m),然后周边预裂、自上而下、分区薄层开挖,随层支护的施工方案。大井至交叉口 20m 范围内,下部与之相贯的尾水洞、尾水连接管岩墙对穿锚索施工完成一倍洞径范围钢拱架喷护完成,根据围岩情况考虑提前一倍洞径混凝土衬砌锁口。贯穿采用分区分部贯穿,预裂或光面控制爆破。

6. 材料与设备

主要施工材料与设备见表 5-20～表 5-22。

表 5-20 主 要 材 料

序号	材料名称	用途
1	无碱速凝剂	喷混凝土外加剂
2	低碱速凝剂	喷混凝土外加剂
3	钢筋（$\phi6.5\sim\phi10$,$\phi25\sim\phi32$）	挂网及锚杆杆体
4	钢绞线（1×7-15.24-1860）	锚索索体
5	水泥（P.O42.5）	喷混凝土材料
6	细骨料	喷混凝土材料
7	钢纤维	喷混凝土材料
8	微纤维	喷混凝土材料
9	$\Phi48mm$,$\delta=3.5mm$ 钢管	施工排架
10	I16、I20 型钢	加工钢拱架

表 5-21 聚丙烯纤维性能

相对密度	长度/mm	直径/μm	燃点/℃	熔点/℃	抗拉强度/MPa	极限拉伸	杨氏弹性模量/MPa
0.91	5～51	30～60	590	160～170	200～300	15%	3400～3500

表 5-22 主要设备

序号	设备名称	设备型号	用途
1	潜孔钻	GYQ-100、KQJ-100B	造孔
2	锚索钻机	YG80、YG100	锚索造孔
3	反铲	$1.2\sim2.0m^3$	装渣
4	手风钻	YT28	
5	装载机	ZL50	
6	自卸汽车	16～30t	出渣
7	长臂反铲	CAT 系列、沃尔沃系列	排线、出渣
8	吊车	（QY8t、16t、25t）	

序号	设备名称	设备型号	用途
9	三臂凿岩台车	BOOM353E	锚杆孔造孔
10	锚杆注浆机	MEYCOPOLI-T 螺旋式注浆机	锚杆注浆
11	锚杆注浆机	挤压式注浆机	
12	扭力扳手	预应力锚杆施工	
13	喷车	迈斯特	喷混凝土
14	电焊机	RXI-350、300、500	
15	电动空压机	750 美国寿力	
16	电动油泵	ZB4-500S 50MPa	锚索施工
	挤压机	XJ-600	
	千斤顶	ESYDC240 24t	
	高速搅拌机	ZJ-400	
	双层搅拌机	ZJ-400	
	灌浆泵	3SNS-40BMJ40 300L/min	
	流量传感器	CSK300-40BMJ40 300L/min	
	自动灌浆监测系统	GYZ-1000	

7. 质量控制

(1) 光面爆破和预裂爆破应达到的效果：

①残留炮孔痕迹应在开挖轮廓面上均匀分布；

②炮孔痕迹保存率：完整岩石不少于 90%，较完整和完整性差岩石不少于 60%，较破碎和破碎岩石不少于 30%；

③相邻两孔间的岩面平整，孔壁不应有明显振裂隙；

④相邻两茬炮之间的台阶或预裂爆破孔的最大外斜值不应大于 10cm；

⑤预裂爆破后，必须形成贯穿连续性的裂缝，预裂缝宽度应不小于 0.5cm。

(2) 爆破振动控制。质点安全振动速度见表 5-23。

表 5-23	质点安全振动速度		(单位:cm/s)

项目	龄期/d			
	1~3	3~7	7~28	>28
混凝土	<1.2	1.2~2.5	5~7.0	<10.0
喷混凝土	<5.0			
灌浆	1	1.5	2~2.5	
锚索、锚杆	1	1.5	5~7	
已开挖的地下洞室洞壁	<10.0			

注:爆破区药量分布的几何中心至观测点或防护目标 10m 时的控制值。

8. 安全措施

(1)成立安全管理机构,组成专职安全员和班组兼职安全员的安全生产管理网络,执行安全生产责任制,明确各级人员的职责,确保安全生产。

(2)爆破安全措施符合《水工建筑物地下工程开挖施工技术规范》(DL/T 5099—2011)第 7.3 节中如下要求:

7.3.1 爆破设计应由取得相关特种作业许可证的专业人员进行。

7.3.2 爆破器材的运输、储存、加工、现场装药、起爆及瞎炮处理应遵循 GB 6722 的有关规定。

爆破器材应符合施工使用条件和国家规定的技术标准。每批爆破器材使用前,应进行有关的性能检验。

7.3.3 进行爆破时,人员应撤至飞石、有害气体和冲击波的影响范围之外,且无落石威胁的安全地点。单向开挖洞室,安全地点至爆破工作面的距离,不应小于 200m。

7.3.4 洞室群多个工作面同时进行爆破作业时,应建立协调机制,统一指挥,落实责任,确保作业人员的安全和相邻炮区的安全。

7.3.5 相向开挖的两个工作面相距 30m,或小断面洞室为 5 倍洞径距离放炮时,双方人员均应撤离工作面,相距 15m 时应停止一方工作,单向贯通。

竖井或斜井单向自上向下开挖,与贯通面距离 1.5 倍洞径时,应自上而下钻爆贯通,可采用一次钻孔、分段起爆法。

7.3.6 爆破前应将施工机具撤离至距爆破工作面不小于 100m 的安全地点。对难以撤离的施工机械、器具应妥善保护。

7.3.7 开挖与衬砌面平行作业时的距离,应根据围岩特性、混凝土强度的允许质点振动速度及开挖作业需要的工作空间确定。因地质原因需要混凝土衬砌紧跟开挖面时,按混凝土龄期强度的允许质点振动速度确定最大单段装药量。

7.3.8 采用电力引爆方法,装药时距工作面 30m 以内应断开电流,可在 30m 以外用投光火或矿灯照明。

(3) 开挖爆破后,加大通风排烟、洒水降尘力度。采用长臂反铲进行排险,及时清理顶部不稳定块体。

(4) 开挖过后,及时清理岩面,进行地质扫描,对围岩较差岩体初喷 5cm 钢纤维混凝土封闭,系统锚杆支护跟进。

(5) 交叉口(立体交叉)部位采用先锁口加固(悬吊加固),再控制爆破开挖方式,保证围岩的稳定。

(6) 交叉口一倍洞径范围采用钢拱架喷混凝土加固,保证洞室的稳定。

(7) 爆破实施时,相关工作面人员、设备及时撤离。

五、金沙江溪洛渡水电站右岸地下电站交叉口开挖应用实例

1. 工程概况

溪洛渡水电站位于四川省雷波县与云南省永善县接壤的金沙江溪洛渡峡谷中,下游距宜宾市 184km(河道里程),左岸距四川省雷波县城约 15km,右岸距云南省永善县城约 8km。溪洛渡水电站右岸地下电站装机 9 台、单机容量为 770MW 的水轮机发电机组,总装机容量 6930MW。地下厂房布置于坝线上游库区,由主机间、安装件、副厂房、主变室、9 条压力管道、9 条母线洞、9 条尾水管及尾水连接洞、尾水调压室、3 条尾水洞、2 条出线井以及通排风系统、防渗排水系统等组成。

尾水岔洞工程由 4♯尾水岔洞、5♯尾水岔洞和 6♯尾水岔洞组成,其上下游分别与尾水支洞和尾水隧洞相连接。尾水支洞与尾水洞采用三合一的布置形式形成尾水岔洞;3条尾水岔洞基本平行布置。相邻两尾水管连接段间设计最大岩壁厚度为19m,岔洞相交部位的隔墙最小厚的近为2.63m。

2. 施工情况

4#、5#尾水岔洞和尾岔支洞分为Ⅳ层施工,6#尾水岔洞及尾岔支洞分为Ⅴ层施工。每层开挖支护按照中导洞超前、两侧扩挖跟进的方式进行。尾岔渐变段和尾水支管段设计开挖体型复杂,开挖成型后的断面跨度大,再加上相邻两支洞之间的中隔墙保留岩体的厚度较薄,因此在开挖施工中主要提前做好超前支护和加强支护,采取段进尺、弱爆破的施工方法。

3. 工程质量及结果评价

溪洛渡电站右岸尾水岔洞从2006年12月20日开工,至2008年12月1日完工。通过本工法的应用,在溪洛渡电站右岸地下电站开挖支护中实现了尾水系统岔口等高采空率、大塑性发展区部位的安全、快速施工,超欠挖控制较好,围岩应力变形小,受到各方一致好评。

第六节 通风与防尘

通风的目的是将污染的空气换成新鲜空气。空气的污染来自爆破后的粉尘、烟雾和有害气体。

一、有害物质的来源与危害性

洞室较深时,洞内空气与外界空气的自然对流困难,因而温度和湿度也会提高。因钻孔、爆破、出渣运输、喷混凝土和洞内腐烂物质及工作人员呼出的二氧化碳等,形成的大量粉尘和有害气体超过一定的含量时,轻者危害工人身心健康,重者甚至造成死亡。如有毒气体一氧化碳含量超过0.2%,或者二氧化碳含量超过10%,就可能使人中毒致死。因此,通风换气对地下作业来说,是不可缺少的和非常重要的工作。

据测定,在开挖阶段有钻孔(干钻)产生的岩粉占85%,爆破产生的岩粉占10%,装渣产生的岩粉占5%左右。这些粉尘中,一般总有游离的二氧化硅,而且硅尘将有30%～70%。硅尘粒径大于10μm的占5.5%～7%;5～10μm的占4%～11.5%;2.5～5μm的占22.5%～35%;2.5μm以下的占46.5%～65%。因硅尘粒径不同,对人的危害程度也不一样。粒径大于10μm的很快沉降,对人体影响不大,而粒径小于10μm的粉尘在空气中浮游,最易吸入人体。而其中5μm以下的危害更大,它可自由地通过人体支气管进入并沉积在肺细胞内。二氧化硅遇水生成硅酸,引起肺细胞中毒,即所谓硅肺病。洞内空气中主要有害气体允许浓度见表5-24。有害物质允许浓度见表5-25。

表5-24 空气中有害气体的最高允许浓度

名称	最高允许含量	
	体积含量	mg/m³
甲烷(CH₄)	≤1.0%	—
一氧化碳(CO)	≤0.0024%	30
硫化氢(H₂S)	≤0.00066%	10

注:1. 一氧化碳最高允许含量与作业时间关系:作业时间<1h,最高允许含量<50mg/m³;作业时间<0.5h,最高允许含量<100mg/m³;作业时间15～20min,最高允许含量200mg/m³。

2. 反复作业的间隔时间应在2h以上。

表5-25 空气中有害物质的最高允许浓度

名称	最高允许含量		附注
	体积含量	mg/m³	
二氧化碳	≤0.5%		
氮氧化合物换算成二氧化氮	≤0.00025%	5	
二氧化硫	≤0.00050%	15	
醛类	—	0.3	反复作业的间隔时间应在2h以上

名称	最高允许含量		附注
	体积含量	mg/m³	
含有 10% 以上游离二氧化硅的粉尘	—	2	含有 80% 以上游离二氧化硅的生产粉尘不宜超过 1mg/m³
含有 10% 以下游离二氧化硅的水泥粉尘	—	6	
含有 10% 以下游离二氧化硅的其他粉尘	—	10	

二、空气净化措施

主要措施：防尘降尘、废气净化及通风换气等。

1. 防尘降尘

在凿岩方面，现在普遍采用湿钻，即从钻杆中心供水和钻机本身喷雾，可使粉尘降至 3～5mg/m³ 以下。在爆破方面，可采用喷雾降尘和水封爆破降尘。所谓喷雾降尘，是在爆破后立即开动事先已安装好的（距工作面 10m 左右）喷雾器来喷雾降尘。所谓水封爆破降尘，是在装好药的炮孔内最后一段，再装入 25cm 的水袋（塑料袋），引爆后产生水雾，据有关单位试验，可降尘 50% 左右。在喷混凝土方面，湿喷比干喷粉尘小，但目前国内外多数还是应用干喷机的情况下，如加大砂子的含水率达 7%～8%、石子达 2% 时，可从原来的 100mg/m³ 降至 22mg/m³；降低工作风压也有显著效果，因为风压与粉尘浓度成正比关系。

另外，在喷混凝土作业时，还可将喷头的单水环改为双水环，不仅可以将回弹量降低至 20%，粉尘也可降低 50% 左右。通过以上的综合措施之后，可使喷混凝土的各处粉尘浓度降至 10mg/m³ 以下。

2. 废气净化

洞内施工机械多为汽油机或柴油机，它在运转时排出大量有害气体，为此，主要从三方面控制：①加强对进洞机械的维修保养；②慎重选择油料及柴油添加剂；③部分机械进行机外净化。

3. 通风换气

通风有自然通风和人工通风两种。前者只适用于隧洞长度不超过 40m 的情况,过长效果不大。人工通风就是采用机械通风的方式,如图 5-48 所示(图中 S 为洞室靠挖面面积)。

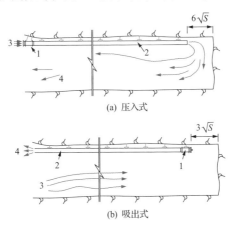

(a) 压入式

(b) 吸出式

图 5-48　机械通风方式

1—风机;2—风筒;3—新鲜空气;4—污浊空气

第六章

掘进机与盾构机开挖

第一节 掘进机开挖

掘进机是用于开凿平直地下巷道的机器。掘进机主要按工作机构作用于围岩方式的不同分为全断面掘进机和部分断面掘进机两大类。价格一般在 200 万～800 万元之间不等。主要由刀盘、装载机构、输送机构、行走机构、附属系统和机架组成。随着行走机构向前推进,工作机构中的切割头不断破碎岩石,并配合连续除渣,在条件适宜时具有较钻爆法更高的掘进速度。

一、掘进机在国内外的应用

国外在 20 世纪 50 年代开始使用掘进机,60 年代以来日臻成熟,现已发展成为快速掘进的重要手段。据不完全统计,各种型号掘进机已有 300 多种,能适应抗压强度 30～250MPa 的各类岩石的斜井及平洞掘进施工。我国自 1965 年以来,先后在云南西洱河、贵州猫跳河、北京落坡岭等工程中试用,使用比较成功的为引滦入唐工程中的新王庄和古人庄隧洞。

二、掘进机适用范围

根据国内外工程的实践经验,采用掘进机可以实现多种工序的综合机械化联合作业,具有施工速度快、经济效益好、成洞质量优、劳动工效高等优点。与钻爆法相比较,其施工特点如表 6-1 所示。

表 6-1 掘进机与钻爆法施工条件对比

工作项目	钻爆法	掘进机
工作面的测量	一般每 2～3d 测量控制导向一次，每次钻孔前放样一次。亦可用激光导向	用激光导向，在直线段上每 300～400m 搬动激光源测量一次
钻孔	风钻、多臂钻凿岩台车	用刀盘掘削岩石
装药、雷管和接线	需几种炸药、多段雷管等	
放炮	电起爆和非电引爆	
安全处理	临时支护，需要相应设备和材料	比钻爆法安全，需临时支护时，全部设备装在掘进机上，边开挖边支护
装渣	用装载机、断臂挖土机等	刀盘上的铲斗把渣铲装于掘进机输送带上
清底	用人工或清渣机	
永久支护	一般先开挖后衬砌	一般边掘进边支护
通风	通风量大，隧洞越长通风越困难	采用刀盘和掌子面之间灭尘和往外吹风，污染物较少
排水	钻孔时的少量水或大量的地下水都必须采取排水设备	尽量采用打上坡的办法，可自流排水
辅助设施条件	放炮时主要设备、照明、通风管、高压风管要转移至安全地段	照明、水管、动力线等随掘进机延伸

从理论上讲，掘进机可适用于各种水平和缓倾角斜洞的掘进；但实际上，从经济效益和技术上的综合评价，其使用范围尚有一定限制条件。

（1）地质条件。岩石掘进对岩性和地质构造有一定选择。围岩岩性不宜太硬或过软，抗压强度以 $300～1500kgf/cm^2$ 最佳。岩石过硬，刀具消耗过大，成本急剧提高，经济合理性降低；岩石过软，机器易下沉，方位难控制，甚至无法取得进尺。使用掘进机的隧洞，地质条件不宜太复杂，岩体不宜太破碎，尤其应避免穿过溶洞、流沙带，否则会给掘进带来极大困难。

（2）工程条件。适用掘进机的隧洞是圆形或方圆形隧洞的上部,洞线比较顺直,而且有一定长度。国外经验:直径2~4m 的隧洞长度应大于800m;直径大于4m 时长度应在2000~3000m 或认为开挖长度大于600倍洞径,使用掘进机经济划算。随着掘进机造价的降低,采用掘进机的经济长度也将有所降低。对于形状不规则和有急弯的短洞,一般不宜采用掘进机施工。

(3)使用条件。由于钻爆法开挖成本往往低于掘进机施工,因此一般临时性隧洞或衬砌要求低的隧洞,采用掘进机施工就不经济。对于永久性隧洞,承压或衬护要求较高的隧洞,由于掘进机施工超挖少、对围岩扰动少和糙率低等优点,使用掘进机有一定优势。

(4)施工队伍条件。使用掘进机需具有较高技术水平的工人和必要的检修力量。另外,如果隧洞通过松散和破碎岩石,一般需采用盾构掘进机。

三、掘进机施工进度

影响掘进机施工进度的主要因素有:掘进机的技术特性,机械的有效利用时间,岩性,地质构造,施工组织与管理。

根据实际地下工程,对于软质均一的岩石,国外掘进机的日进尺可取35~40m,国内掘进机月平均进尺100~150m,掘进机的制造、安装、运输,一般需半年至一年时间。掘进机铭牌掘进速度因受各种因素影响,与实际施工差距很大,提高掘进机的有效时间利用系数是加快掘进速度的途径。有效时间利用系数是掘进机有效工作时间与隧洞掘进总工期的比值,近年来达到0.6~0.75。对掘进机施工的调查结果表明,61%为掘进时间,18%用于检修和更换,11%用于临时支护和测量,10%为交换班时间。

围岩岩性对掘进机掘进速度影响很大。中软至中硬岩掘进速度较高。砂岩、页岩、石灰岩、白云岩等月进尺最高达600~750m;而坚硬的花岗岩等月进尺仅140~220m,主要是刀具损耗随岩石抗压强度的增加而显著加大。岩石硬度对掘进机的施工速度有明显的影响,掘进机宜用于莫氏硬度小于4.5的岩石,如页岩、砂岩、灰岩、大理岩、板岩等。随着掘进机破岩性能,主要是刀具性能的提高,掘进机适应的岩石硬度也将有所提高。表 6-2 为一些岩石的莫氏硬度值。

表 6-2　　　　　　　　岩石莫氏硬度值

岩石	页岩	砂岩	灰岩	大理岩	板岩	花岗岩	片岩	片麻岩	玄武岩
莫氏硬度	<3	3~7	3	3	4~5	6~7	6~7	6~7	8~9

在特别复杂的条件下,掘进机可能无法进尺,要考虑用人力、钻爆等其他方法辅助,并辅以必要的安全支护措施。

不同地层对掘进机的使用和掘进速度的影响如下:

(1)无节理和裂隙的完整岩石,无须支护;如岩石硬度小于 4.5 莫氏硬度,采用掘进机将达到最佳掘进速度。

(2)有节理和裂隙的块体岩石,但节理之间的块体连接在一起或基本连接在一起,无须支护;如岩石硬度小于 4.5 莫氏硬度,采用掘进机也可能取得最佳掘进速度。

(3)有节理和裂隙或有软弱夹层的层状岩石,需连续支护的岩层,采用掘进机可能是适宜的,也可能是不适宜的。

(4)有节理和裂隙分割的中等块度(岩体断面尺寸大于 0.6m)的岩层,需要支护。在这样的岩层中不推荐采用掘进机。

(5)节理、裂隙发育,被分割成断面尺寸小于 0.6m 的块状岩层中不宜采用掘进机。

(6)完全破碎或非固结构的岩石或黏土、壤土、风化岩石,需重型支护的岩层中,需采用盾构掘进机。

四、掘进机施工组织

1. 主要施工方法

隧洞开挖直径为 2~10m 时,一般采用全断面一次成洞的方法。隧洞开挖直径为 6~15m 时,可采用分级扩孔法施工,即采用小机组一次贯通导洞,然后扩大,或超前开挖导洞后面紧跟扩大。

斜井施工时,对于直径 3.5m 以下断面可一次自下而上开挖;对于较大直径斜井,可先用小直径掘进机自下而上开挖贯通,然后用大直径掘进机自上向下扩挖。

施工方法的选择要根据可能取得的设备、隧洞的地质条件、对通风的要求及施工队伍的条件进行。

2. 施工前的准备工作

掘进机法开挖隧洞必须在严格的施工组织设计指导下运行。掘进机法施工组织设计要根据工程具体情况和设备条件，优选合适的施工方法、弃渣及运输方式，制订施工进度计划，并根据地质资料制定各段掘进时的安全措施、备品配件及其他材料设备的储备、供应计划和劳动力组织等。

在施工准备期要达到如下形象进度：

（1）完成场内主要交通道路，并在施工现场靠近洞口处平整出一块掘进机设备组装场地（场地面积视掘进机规格而定，一般直径 5～7m 掘进机组装场地为 20m×10m），并建一座简易检修间，配有普通车床、牛头刨床、立式钻床和其他检修工器具。

（2）建成风水电系统，送至主洞口附近以及通风管道的备料。

（3）建成出渣线，落实弃渣场。

3. 掘进机运输与组装

（1）掘进机自重较大，一般拆开运输。我国生产的掘进机最大部件尺寸不超过 4m。最大件重量不超过 40t，一般大型拖车可满足运输要求。

（2）掘进机组装应力求靠近工作面。组装方式通常有 3 种：洞口露天组装；刀盘、机架等主体在洞口组装，托运到工作面后再组装其他部件；分部件托运到工作面组装。组装一台掘进机需 15～28d。

4. 掘进作业

（1）洞口开挖，通常用钻爆法开挖洞口。

（2）准备掘进机工作面，开成洞口后，向前开挖一段隧洞。开挖出的隧洞长度要大于掘进机刀盘到支撑板后缘距离。修平掌子面，并将隧洞边墙和底板衬砌好，以支撑掘进机的支撑板。在洞口有条件浇筑相同长度混凝土导墙时，亦可不开挖隧洞。

（3）掘进作业，将掘进机置于工作面前工作位置，开始掘进作业。开始掘进作业后，要注意保持风、水、电的供应。

1）供水，设备冷却通水一般要求水压在 1.5～2kgf①/cm²，耗水量根据设备性能确定；刀盘要求高压喷水，一般压力为 6～10kgf/cm²，耗水量按机械性能或按单位时间最大破岩体积的 10%～20% 估算。

2）供电，掘进机本身附有变压器，供应主机、出渣带式运输机、排水泵、除尘的辅助设备动力，以及作业区的照明用电。主机的供电电压一般为 6kV。其他供电与一般隧洞施工方法相同。

3）通风，供排水管道和高低压电缆在隧洞断面上的布置，应根据具体情况确定，见图 6-1。

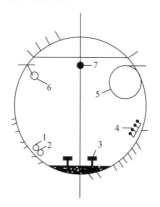

图 6-1　风、水、电布置示意图

1、2—分别为供水及排水管道；3—轨道；4—低压线路；5—通风管道；
6—高压电线；7—照明

（4）监测围岩地质情况，测绘隧洞沿线的详细地质图，标明各段的岩石分类，注明岩体的构造状况、节理方向和频度；采用岩石点荷载仪测取岩石的抗拉与抗压强度，注明各段的岩石强度。每段岩样的代表强度选其中值，不计其平均值。

————————————

① 1kgf=9.8N。

1）抗压强度按下式计算：

$$R_t = K_x P / (2S_a)^2（岩芯试件）\qquad(6\text{-}1)$$

或：

$$R_t = 1.4 P / 2\pi S_a^2（不规则试件）\qquad(6\text{-}2)$$

式中：R_t——岩石抗拉强度，kgf/cm^2；

$\quad$ P——岩样破坏荷载，kgf，其值为点荷载仪读数乘以 $B(12.1\sim12.9)$ 的当量面积系数；

$\quad$ S_a——岩样加荷点间距之半，cm；

$\quad$ K_x——形状系数，当岩芯为 $\phi50$mm 时，$K_x = 1$；岩芯为 $\phi32\sim33$mm 时，$K_x = 0.84$。

2）抗压强度按下式计算：

$$R_c = K_h \times R_t \qquad(6\text{-}3)$$

式中：R_c——岩石抗压强度，kgf/cm^2；

$\quad$ K_h——换算系数，$\phi50$mm 岩芯 $K_h = 23.0$，$\phi36$mm 岩芯 $K_h = 23.7$，不规则试块 $K_h = 23.0$。

（5）测定岩石的可钻性能与磨蚀性，磨蚀性指标与可钻性指标共同反映岩石抵抗破碎的坚固程度和对刀具的磨蚀能力。

各段岩石的磨蚀性一般可用岩石内硅及硬矿物含量表示。法国桥梁和道路中心实验室利用磨蚀测定仪测岩石的磨蚀性（该仪器为一直径 100mm 的圆柱体，圆柱体内洒填磨碎至 $4\sim6$mm 的岩粉，岩粉中间装一个 50mm×25mm×5mm 金属板，金属板固定在转速为 4500r/min 的轴上，牵动轴转动的电动机为 0.76kW，见图 6-2）。

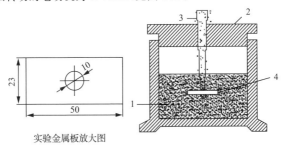

实验金属板放大图

图 6-2 磨蚀测定仪示意图

1—金属圆柱钢和实验岩粉；2—金属盖板；3—旋转轴；4—试验金属板

仪器转动 5min 后,测定金属板的重量损失:

$$A = (G_0 - G) \times 10^4 / G_0 \qquad (6-4)$$

式中:A——岩石的磨蚀指标;

G_0、G——实验前、后金属板的重量。

一些岩石的磨蚀指标见表 6-3。

表 6-3 一些岩石的磨蚀指标(A)

岩石	A	岩石	A
硅质砂岩	280	片麻岩(贫石英的)	120
工业金刚石	245	辉长岩	117
硅	230	角闪岩	92
石英岩	206	玄武岩	88
石英岩	168	贫石英的花岗岩	86
片麻岩(富石英的)	137	安山岩	77
细粒花岗岩	158	坚硬的石灰岩	6
震旦纪花岗岩	130	中等强度的石灰岩	1~4

我国采用东北工学院岩石破碎研究室研制的冲击式凿测器,在掘进机正常工作条件下,可随时在现场测得岩石的可钻性和磨蚀性。

岩石凿测器是用重量为 4kgf 的落锤沿导向杆从 1m 高处自由落下,从而形成恒定的 4kgf·m 的冲击功来冲击钎头。钎头为一字形,其直径 $d_0 = 4.0 \pm 0.1$cm,刃部嵌入 YG-11C 的硬质合金,刃角 110°。每次测定都采用一个新的或重新修磨过的钎头来进行规定次数的冲击。古人庄隧洞试验时冲击 240 次。

采用岩石凿测器测定岩石可钻性能及磨蚀性的计算公式如下:

1) 可钻性能按下式计算:

$$a = \frac{W_z}{V} = \frac{12.73NW_d}{d^2 h} = \frac{727.1}{h} \qquad (6-5)$$

式中:a——岩石可钻性比能,kgf·m/cm³;

W_z——总冲击功,kgf·m;

V——破岩体积，cm^3；

W_d——单次冲击功，$W_d = 4kgf \cdot m$；

N——冲击次数；

d——钎头直径，cm，取 $d = 4.1cm$；

h——破岩净深，mm。

各类岩石可钻性比能见表 6-4。

表 6-4 各类岩石的可钻性比能值

岩性	极软岩	软岩	中等岩	中硬岩	硬岩	很硬和极硬岩
a	<19	20~29	30~39	40~49	50~59	>60

可钻性比能越大，掘进机运转与推压两部分能量消耗越大，掘进速度减慢。掘进机的破岩比能可按下式计算：

$$a_r = (0.05 \sim 0.1) \times a \qquad (6-6)$$

式中：a_r——掘进机的破岩比能，$kgf \cdot m/cm^3$；

a——岩石的可钻性比能，$kgf \cdot m/cm^3$。

2）岩石凿测磨蚀性 b_m。在进行凿测可钻性比能后，取其钎头，用读数显微镜和专用卡具直接读出距一字形钎刃两端各 4mm 处磨纯的宽度，取其平均值即为 b_m。

各种岩石的凿测磨蚀性指标见表 6-5。

表 6-5 各种岩石凿测磨蚀性指标

磨蚀性	弱磨蚀性	中磨蚀性	强磨蚀性
b_m/mm	<0.1	0.15~0.3	>0.35

磨蚀性越弱，掘进速度越快，耗刀越少；反之，掘进速度减慢，耗刀增多。

（6）掘进机在不良地质条件时可能出现的情况：

1）锚盘不能咬紧软弱的隧洞岩壁，需采取加固措施；

2）为保持围岩稳定，需进行临时或初始支护；

3）要随时清除运输带上的堵塞物；

4）出现大量涌水时，需及时采取排水措施。

在复杂地层中掘进时，可采用的措施：挖超前探洞，固结灌浆后再掘进；采用钢环梁或预制混凝土衬砌管片、锚杆、喷浆等在掘进同时进行支护。

5. 出渣作业

（1）掘进机施工出渣的特点：

1）连续出渣运输强度高。

2）除向洞外出渣外，还有支护材料、刀具、管材等向洞内运输。

（2）出渣方案：

1）铁道运输适用于坡度小于 20‰ 的平洞，配大型梭车和移动调车平台。

2）汽车运输，适用于坡度较大的平洞，洞径一般要大于7.5m，需要较好的通风条件。

3）带式输送机运输，适用于坡度 15°～18° 的斜井。

4）自动留渣，适用于坡度大于 40° 的斜井，可自下向上开挖导井，自上向下扩大时利用导井溜渣，必须时辅以水力冲渣。

（3）二次倒运。除用汽车运渣方式外，其余方式宜在洞口附近设弃渣场，以加快洞内循环，保证连续出渣，洞口弃渣场的岩渣必要时经过技术经济论证后，可二次倒运到较远的弃渣地点。

6. 通风除尘

通风可采用抽出式或压入式，或两种方式兼用。

通风量按下式计算：

$$Q_0 = Av \qquad (6-7)$$

式中：Q_0——通风量，m^3/s；

A——隧洞断面积，m^2；

v——排尘风速，$0.5～1m/s$。

采用压入式通风方式时，风量应大于掘进机负压通风系统风量的 20%。

为减少粉尘，在掘进机刀盘上针对性喷水，使破岩产生的粉尘多数在掌子面湿润沉降。喷水压力要大（一般 6～10kgf/cm²），并不使喷嘴被泥渣堵塞。另外利用橡胶密封的挡尘板，将工作面与人的活动区域分开，使空气中有害物浓度降至 3mg/m³ 以下。

7. 施工组织

掘进机可安排两班作业。根据国外经验，每台机应配备的人员为：司机 1 名/班、钳工 1 名/班、刀具维修 1 名/班、现场机器负责人 1 名/班。

现场机器负责人应具有机械和电气专业知识，对机器的使用和维修负责，司管刀具更换计划和及时订购刀具备件等。

排渣、风水电管线安装，铺设轨道等应有专人负责，人数根据现场情况安排。另加机后配套，出渣辅助人员，根据出渣方式而定。

第二节　盾构机开挖

一、盾构法概述

盾构法是暗挖法施工中的一种全机械化施工方法。它是将盾构机械在地中推进，通过盾构外壳和管片支承四周围岩，防止发生往隧道内的坍塌。同时在开挖面前方用切削装置进行土体开挖，通过出土机械运出洞外，靠千斤顶在后部加压顶进，并拼装预制混凝土管片，形成隧道结构的一种机械化施工方法。

盾构机于 1874 年发明，它是一种带有护罩的专用设备。利用尾部已装好的衬砌块作为支点向前推进，用刀盘切割土体，同时排土和拼装后面的预制混凝土衬砌块。盾构机掘进的出渣方式有机械式和水力式，以水力式居多。水力盾构在工作面处有一个注满膨润土液的密封室。澎润土液既用于平衡土压力和地下水压力，又用作输送排出土体的介质。

盾构机既是一种施工机具，也是一种强有力的临时支撑结构。盾构机外形上看是一个大的钢管机，较隧道部分略大，它是设计用来抵挡外向水压和地层压力的。它包括三部分：前部的切口环、中部的支撑环以及后部的盾尾。大多数盾构的形状为圆形，也有椭圆形、半圆形、马蹄形及箱形等其他形式。

二、适用条件

在松软含水地层，或地下线路等设施埋深达到 10m 或更深时，可以采用盾构法。

（1）线位上允许建造用于盾构进出洞和出渣进料的工作井；

（2）隧道要有足够的埋深，覆土深度宜不小于 6m 且不小于盾构直径；

（3）相对均质的地质条件；

（4）如果是单洞则要有足够的线间距，洞与洞及洞与其他建（构）筑物之间所夹土（岩）体加固处理的最小厚度为水平方向 1.0m，竖直方向 1.5m；

（5）从经济角度讲，连续的施工长度不小于 300m。

三、盾构特点

盾构法的优点是：

（1）安全开挖和衬砌，掘进速度快；

（2）盾构的推进、出土、拼装衬砌等全过程可实现自动化作业，施工劳动强度低；

（3）不影响地面交通与设施，同时不影响地下管线等设施；

（4）穿越河道时不影响航运，施工中不受季节、风雨等气候条件影响，施工中没有噪声和扰动；

（5）在松软含水地层中修建埋深较大的长隧道，具有技术和经济方面的优越性。

盾构法的缺点是：

（1）对断面尺寸多变的区段适应能力差；

（2）新型盾构机械设备购置费昂贵，对施工区段短的工程不太经济；

（3）工人的工作环境较差。

四、施工准备

1. 出发、到达工作井的施工

为使盾构施工顺利进行，施工前，应建好始发竖井，其宽度 B 一般取 $B = D \times (1.5 \sim 2)$m，以利进行各项作业，长度必须有安装盾构、后座设备、运输管片和进行出土的余地,一般始发井长度 A 为 $L+(0.5\sim1.0)L$,其建造采用触变泥浆护壁,普通沉井法施工(D 为盾构机直径,L 为盾构机长度)。

(1) 竖井施工。

1) 竖井凹形帷幕止水及井底地基加固。为防止井壁下沉涌水、冒砂以及增加井壁底部土层的承载力,采用单管高压旋喷注浆法对井壁外侧及井壁呈凹形进行帷幕止水与土体加固。旋喷桩桩径 600mm,桩距 500mm,排距 450mm,呈梅花形布置,各桩间均相互咬合。注浆材料采用 32.5 级普通硅酸盐水泥,水灰比为 1。加固后的土体承载力及渗透系数满足要求。

2) 锁口盘(套井)施工方案。为确保出发井、到达工作井顺利施工,准确无误沉沉到设计位置,满足出发井、到达工作井下沉施工及盾构机施工的要求,设计了锁口盘。锁口盘与凹形帷幕墙体旋喷桩顶相接使之成为一体,达到保护竖井井筒的目的。

沉井分几次制作,多次下沉。在每节接缝处预留凹形槽,并做防水处理,以便井壁有机结合。沉井第一段下沉混凝土强度必须达到设计强度后方可下沉,以后下沉其强度要达到设计强度的 75%,沉井下沉施工必须严格按允许偏斜率(≤0.5%)施工,刃脚钢靴施工前要将井筒四周表土层进行置换改良;沉井下沉施工中进行壁后注浆;触变泥浆配合比为:陶土(或高岭土)18%,纯碱 0.6%,甲基纤维素 0.05%,水 81.35%;泥浆密度 1.1kg/L;沉井下沉到设计标高后置换壁后泥浆,砂浆强度等级为 M7.5,待砂浆凝固,井壁与土层间、锁口盘间结牢方可进行井底施工;沉井周围要布设永久性水准点,距井口中心距离≥50m。

3) 施工要点。出发井帷幕止水、井底土体加固施工中的测量定位:严格按设计测量放样定桩位,控制好标高,在每个桩位上用短钢筋带白灰定点位,并在施工线外 2m 左右处埋设对称点,以防止错位和遗漏,施工中保证桩位偏差<5cm。旋喷成桩严格控制钻孔垂直度,偏差<1%。调整好各项技

术参数,使桩与桩之间相互咬合。桩质量检测:通过现场钻探取样、原位测试、压水试验,结合室内渗透、抗压试验等方法,测得固结体的抗压强度和渗透系数。经检测加固后的土体承载力应满足设计加固土体承载力的要求,加固体的渗透系数应满足加固土体渗透系数的要求,为下一步沉井施工提供良好保障。

4)锁口盘(套井)施工。土方开挖使用履带式挖掘机、翻斗车,挖运土方至弃渣场。挖至帷幕桩顶部时预留 20cm 左右,以免挖掘机对桩体扰动破坏,然后由人工操平。

套井基坑临时支护:套井位于土层中,必须对修整后的周边进行临时支护。在直墙部位,采用 24 砖墙、M10 砂浆砌筑,每隔 2m 设置一个 37 砖垛,砂浆不要饱满,以增加护墙的透水性能。套井的斜边部位采用 4mm 的钢丝网临时支护,钢丝网由 18mm 的土钉固定,8mm 钢筋压平,M10 砂浆抹面 3～5cm,旋喷桩顶清洗干净。

钢筋绑扎、支模浇混凝土:按设计图纸的布筋要求进行钢筋绑扎,搭接长度、搭接位置以规范规定为准。模板用钢模板。采用商品混凝土泵送(沉井井筒浇筑均用商品混凝土泵送),四周对称均匀浇筑,振捣要及时。

5)沉井施工。

①刃脚垫层施工。刃脚钢靴在施工前,为防止刃脚钢靴制作过程中及井筒浇筑混凝土时突沉及不均匀沉降,需对井筒周围表土层进行置换改良。施工刃脚垫层采用碎石级配每填 40cm 厚碎石使用蛙式电夯夯实。根据填料的实际含水量情况洒水夯击以增加垫层的密实度。在垫层上铺设厚度为 15cm、长度为 80cm、宽度≤15cm 的垫木,沿刃脚环向密集铺置。

刃脚钢靴制作安装为确保刃脚钢靴加工质量,焊接按《钢结构工程施工及验收规范》执行。出发井井筒刃脚钢靴分 10 段制作,场外加工,组装验收后分段拉运现场,下入套井内螺栓钢板连接安装。钢靴焊接程序:放样→切割→边缘加工→点焊连接→矫正位置→焊接→成型矫正→割渗水孔

→螺栓连接。

②井筒制作。预留管口施工：按设计要求，井壁预留隧道口、管道口在井筒下沉过程中应填实，填充物容重基本上要与钢筋混凝土容重相近，以防止井筒下沉过程中因自重不均产生偏斜。在施工中对隧道预留口灌注素混凝土，管道预留口砌砖，解决质量平衡问题。

预埋管路施工：在井壁上需埋设 50mm 的硬质塑料管，用于壁后注浆。施工时用短钢筋将塑料管夹紧再与井壁钢筋点焊牢固防止偏位，管口用木塞或硬塑丝堵盖封严，防止混凝土块或其他坠物阻塞管路。

混凝土施工缝处理：在浇筑混凝土顶面做矩形槽。具体做法是使用特制的矩形钢模在混凝土浇筑到预定位置时安装。槽宽 40cm，槽深 10cm，在井壁混凝土的中心部位布置。待浇筑的混凝土初凝时拆除，下次混凝土浇筑时将施工缝内的杂物清理干净后，先浇筑水泥浆，然后再浇筑混凝土，确保与前次混凝土紧密结合。

6）沉井入土下沉。导向木安装：在井筒下沉前，沿井筒外壁四周与套井井壁间隙，前后、左右对称安装 10 组导向木。导向木用钢筋通过套井预留环悬挂在井筒外井壁与套井井壁之间，保证沉井居中位置准确无误，起到导正井筒作用。

刃脚垫木拆除：在沉井内安排若干施工人员，对称同时拆除垫木，专人上下指挥，防止沉井突然下沉，发生意外。

挖、提土机具的选择：由于沉井内作业面大、深度浅、无大量积水，因此选择微型挖掘机挖土，提土选择汽车吊作为提升机具，加工提土斗，容积为 15m³ 井下每班 4～5 人作业，井筒上面安排专人指挥吊车与井内人员相互配合，确保吊装出土顺利安全，吊出的土直接装入翻斗车，拉运至弃土场。

挖土顺序：开挖土体应从沉井中心开始向周围井壁进行，在沉井底部形成"锅底"形状。挖土顺序一般为：对砂层只挖中间不挖四周；对黏土层则从中间向四周均匀对称挖土；对土质软硬不均的先挖硬的一侧，后挖软的一侧，严格控制挖土速度。

沉井下沉质量控制：严格控制井内出土量和挖土位置，使沉井处于竖直平衡下沉。随时分析和检验土层摩擦阻力与沉井自重的关系，必要时可增加沉井本身质量。当沉井某一侧位置出现"突沉"现象，沉井发生偏斜时，应及时采取纠偏措施。

壁后注浆：触变泥浆通过预埋在井壁内的管道或井壁外侧的环状间隙，随着沉井下沉而不断地注入壁后，及时充填下沉产生的环状间隙，将井壁与土体隔开，改善土体的渗透性能。同时浆液压力保持土体的完整，不致坍塌，从而减小了沉井外侧的摩擦阻力。

壁后泥浆置换与井筒固结：沉井下沉到设计位置后，立即进行检测调整、紧固，然后下入注浆管进行壁后泥浆置换。置换泥浆为水泥砂浆，强度等级为 M7.5。砂浆注入套井底面标高时，上部采用 C25 混凝土浇筑井壁与套井之间的间隙，使井口平齐。

基底混凝土施工：基底清理干净并经验收合格后及时进行封闭。基底混凝土浇筑时必须振捣密实，使沉井成为一个闭合的受力整体。

2. 盾构始发的准备工作

（1）始发基座安装。始发基座采用钢结构形式，主要承受盾构机的重力和推进时的摩擦力。由于盾构机重达 400 多吨，所以始发基座必须具有足够的刚度、强度。此外，在始发基座两侧每隔 1.5m 利用 200H 型钢给始发基座加横向的支撑，提高始发基座的稳定性。在安装始发基座前进行测量放样工作，准确定位始发基座。在盾构机主机组装时，在始发基座的轨道上涂硬质润滑油以减小盾构机在始发基座上向前推进时的阻力。如果盾构机始入曲线段，隧道中线和线路中线在曲线段有一定的偏移量，由于盾构机主机在全部进入加固区时几乎不能够调向，为了盾构机进入加固区后管片衬砌不超限，盾构机始发的方向不能垂直于端墙，而是同洞门处线路中线点的一条割线方向平行。始发基座的坡度

（即盾构机的中心坡度）应略小于隧道设计轴线坡度；考虑到隧道后期沉降因素，盾构中心比设计轴线抬高 20mm。

（2）洞门密封装置的安装。为了防止盾构始发掘进时泥土、地下水从盾壳和洞门的间隙处流失，以及盾尾通过洞门后背衬注浆浆液的流失，在盾构始发时需安装洞门临时密封装置，临时密封装置由帘布橡胶、扇形压板、垫片和螺栓等组成。

为了保证在盾构机始发时快速、牢固地安装密封装置，盾构施工时在预留洞门处预埋环状钢板。

盾构机进入预留洞门前在外围刀盘和帘布橡胶板外侧涂润滑油，以免盾构机刀盘刮破帘布橡胶板影响密封效果。当盾构机刀盘进入洞门后，将扇形压板置于外侧并用螺栓固定；当盾构机主机全部通过洞门后，将扇形压板置于内侧靠在负环管片的外表面，起到防止泥水、浆液流失的作用，从而减少始发时的地层损失。

（3）组装反力架。反力架提供盾构机推进时所需的反力，因此反力架须具有足够的刚度和强度。反力架支撑在底板和中板上，反力架的纵向位置保证洞门环混凝土管片拆除后浇筑洞门时满足洞门的结构尺寸和连接要求，同时需保证支撑的稳定性。反力架的横向位置保证负环管片传递的盾构机推力准确作用在反力架上。安装反力架时，先用经纬仪双向校正两根立柱的垂直度，使其形成的平面与盾构机的推进轴线垂直。如果始发位于曲线上，反力架和洞门端墙不平行，为了保证盾构推进时反力架横向稳定，用膨胀螺栓和型钢对反力架的支撑进行横向的固定。在安装反力架和始发台时，反力架左右偏差控制在 ±10mm 之内，高程偏差控制在 ±5mm 之内，上下偏差控制在 ±10mm 之内。始发台水平轴线的垂直方向与反力架的夹角＜ ±2‰，盾构姿态与设计轴线竖直趋势偏差＜ 2‰，水平趋势偏差＜ ±3‰。

（4）凿除端墙钢筋混凝土。如果盾构始进面围护结构设计为钢筋混凝土，则应先凿除围护结构，其主要目的是割掉盾构机通过范围内的钢筋，使盾构机顺利进入端头加固区。

由于端头土体一般都采取了加固,加固后土体暴露时间不能够太长,而在吊装螺旋输送机时需暂时将盾构机推进预留洞门内,在盾构机刀盘进入预留洞门前只能将部分围护结构进行凿除以保证安全。施工时先凿除混凝土保护层的 2/3 厚,并将外层钢筋焊割掉;当螺旋输送机组装完毕后将盾构机拉出洞门,并进行盾构机的剩余组装、调试以及负环管片的拼装工作。当盾构机推进至洞门时将剩余的钢筋焊割掉,并进行剩余围护结构的凿除,在进行第二次凿除施工时,准备好喷浆机以及喷浆料,一旦工作面出现失稳的迹象,马上进行喷浆以封闭掌子面。

凿除施工时,在盾构机与掌子面之间搭建脚手架,利用人工进行凿除围护结构混凝土施工,凿除按照从下往上、从中间往两边的顺序进行。

(5) 环管片的安装。负环管片包括负环钢管片和负环混凝土管片。负环钢管片一般为 350mm 厚,内径为 5500mm,外径为 6200mm 的钢制圆环。负环钢管片起到连接负环混凝土管片和反力架的作用。

在拼装第一环负环管片前,在盾尾管片拼装区 180°范围内安设 7 根长 1.4m,厚 40mm 的木条(盾尾内侧与管片间的间隙为 45mm),并将钢环与反力架用螺栓连接好。在盾构机内拼装好负环管片后,利用盾构机推进千斤顶将管片缓慢推出盾尾,这时反力架与负环管片之间还有一定的间隙,继续拼装第二环负环管片,与第一环负环管片用螺栓连接牢固之后,用推进油缸往后推,直至负环管片与钢环管片贴紧为止,然后用薄钢板或快凝型砂浆将负环管片与钢管片之间的缝隙填实。由于始发支座轨道与管片外侧有 85mm 的空隙,为了避免负环管片全部推出盾尾后下沉,在始发基座导轨上点焊外径 80mm 圆钢,使圆钢将负环钢管片和负环混凝土管片托起。第二环负环以后管片将按照错缝的方式进行拼装。

3. 端头加固

当盾构始发及到达端头,如果其周围地层为自稳能力差,透水性强的松散砂土和含水黏土时,如不对其进行加固处理,则在凿除洞门围护结构后,必将大量土体和地下水向工作井内塌陷,导致洞周大面积地表下沉,危及地下管线和附近建筑物安全。目前,常用加固方法有:注浆、旋喷、深沉搅拌、井点降水、冻结法等,可根据土体种类(黏性土、砂性土、砂砾土、腐殖土)、渗透系数和标贯值、加固深度和加固的主要目的(防水或提高强度)、工程规模和工期、环境要求等条件进行选择。加固后土体应有一定的自立性、防水性和强度。为了确保盾构始发和到达的安全性,必须对始发到达端头的加固土体的范围、强度进行验算,并严格检验。

根据盾构施工要求以及工程地质、水文地质条件和地面环境条件,一般地质为砂、黏土等软弱、破碎及结理发育类围岩,端头需进行地层加固。其方法根据现场条件及实际施工的可行性,一般地质为砂、黏土等软弱围岩,采用深层搅拌桩进行加固;破碎及结理发育类围岩一般采用注浆加固,现以深层搅拌桩加固进行阐述。

深层搅拌桩加固施工工艺:

(1)钻机定位。移动深层搅拌机到指定桩位对中,调整塔架丝杆或平台基座,使搅拌轴保持垂直。一般对中误差不超过 2cm,搅拌轴垂直度偏差不超过 1.0%。

(2)浆液配置。

1)严格控制水灰比,一般为 0.45~0.55,对袋装水泥抽检,使用经过核定准的定量容器加水;

2)充分拌和水泥浆,每次投料后拌和时间不得少于3min。

(3)送浆。将制备好的水泥浆经筛过滤后,倒入贮浆桶,开动灰浆泵,将浆液送至搅拌头。

(4)钻进。钻进至桩位的设计标高。

(5)提升搅拌喷浆。证实浆液从喷嘴喷出并具有一定压力后,连续喷入水泥浆液,原地喷浆搅拌 30s。根据设计要求的成桩试验结果调整灰浆泵压力档次,使喷浆量满足要求。将搅拌头自桩端反转匀速提升搅拌,并继续喷入水泥浆,提升至桩顶,不关闭动力头及灰浆泵。

（6）重复钻进喷浆搅拌。完成提升搅拌喷浆后，操作搅拌头钻进搅拌，至设计标高后停止下沉操作，原地喷浆 15s。

（7）重复提升搅拌。完成重复钻进搅拌后，将搅拌头自桩端反转匀速提升搅拌，直至地面。

（8）成桩。成桩完毕，清理搅拌叶片上包裹的土块及喷浆口，桩机移至另一桩位施工。

4. 管线路布置

（1）运输线路布置。水平运输采用电瓶车与矿车、管片车、砂浆车组合进行洞内的运输工作，轨线采用四轨单线，外面两轨为盾构机后配套所用，中间两轨为列车所使用。

（2）电线路、风管、水管布置（见图 6-3）。

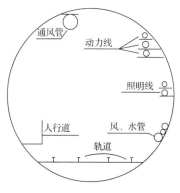

图 6-3　管线路布置

1）电线布置。电线路分动力线与照明线，均挂在边墙上，动力线一般布置在离隧底 2.8m 处，照明线离隧底 2.0m，每隔 20m 在边墙上设固定点，以便把电线挂好、拉直。

2）风管布置。在拱顶上挂 ϕ1000mm 的拉链式软风管压入式通风，将新鲜空气压入盾构机后配套设备末端。在隧道内安装完管片之后，为防管片下沉变形，应及时灌豆石、注浆填充管片与围岩间空隙，因此应在隧道边墙脚安设 ϕ150mm 高压风管供灌砂用。

3）水管布置。隧道内的水主要来源：开挖面涌水、洞内漏水及施工作业后的废水。为保证洞内不积水,排水管采用ϕ80及ϕ100钢管,根据水量进行调配,最后排至始发井处集中井,用水泵抽出地面集中排出。水管布置在隧道边墙墙脚处。

五、盾构掘进

1. 盾构机始发掘进

盾构机的始发,在盾构掘进施工中占有相当重要的位置。目前,盾构隧道有埋深加大且结构尺寸大型化的趋势,施工周围的环境亦日趋严峻。在这种情况下,盾构工程的始发对辅助施工法的依赖性将越来越大,几乎到了没有辅助施工法就不能施工的地步。与此相应,辅助施工法也有显著进步,现在辅助施工法不但强度增大、可靠性提高,而且在大深度场所也能适用。以前是以化学注浆进行端头加固为主,目前逐渐采用了高压喷射注浆和冻结等更为安全的施工方法。

(1)始发形式。盾构机的始发是指利用临时拼装管片等承受反作用力的设备,将盾构机推上始发基座,再由始发口进入地层,开始沿所定设计线路掘进的一系列作业。根据临时墙拆除方法和防止开挖面地层坍塌方法的不同,施工方法可分成如下几类:

第1种方法:使开挖面地层能够自稳,再将盾构机贯入自稳的开挖面。它是通过化学注浆、高压喷射注浆、冻结施工法等来加固开挖面地层,使之能够自稳,或向始发竖井压气,以平衡开挖面地下水压,使地层自稳。

第2种方法:利用挡土墙防止开挖面崩塌,让盾构机开始掘进。这种方法又分为两种:一种是将始发竖井的挡土墙做成双层,以防止内层挡土墙拆除时开挖面崩塌,当盾构机向前推进,到达开挖面地层,起吊盾构机前方的外层挡土墙后盾构机才开始开挖;另一种是在始发竖井的近旁再挖一个竖井,盾构机从该竖井内向前推进,在回填后开始开挖。

另外,近年来作为特殊施工事例,有的采用水泥加固土墙等,在做成构筑物后,取出芯材(工字型钢),只将水泥加固土墙挖除,即开始让盾构机开挖。以上是拆除临时挡土墙让盾构机开始开挖的方法,目前,国内普遍采用直接破除始发竖井的挡土墙,将盾构机贯入工作面后掘进的方法进行始发作业。

对于具体的始发作业,一般是对不良地质采用端头加固处理技术的办法,或采用地基改良使开挖面自稳,再开始开挖。此外,始发作业可以单独采用或组合采用以上施工方法,这取决于地质、地下水、覆盖层、盾构直径、盾构机型、施工环境等因素,还要考虑安全性、施工性、经济性和进度等。

（2）始发设备。

1）始发基座、反力架、临时拼装负环管片始发基座根据盾构机设置的位置（高度、方向）和盾构机的重量、盾构机械组装作业的施工顺序等来确定,用工字钢和钢轨等材料安装而成。反力架和临时拼装管片是根据管片的运进和出渣空间等来确定形状,同时必须注意要根据正线管片开始衬砌的位置来确定临时负环管片、反力架的位置。一般用工字钢安装反力架,临时负环管片的使用,能容易撤除钢结构或高强度铸铁结构。临时管片的拼装精度会影响正线管片的正圆度,必须引起高度重视。部分盾构施工中,有时采用临时负环管片只组装下半环,上部留有开口,不特别设置反力架。

2）洞口密封装置。洞口密封装置是对洞口初始掘进段与盾构机或管片之间的间隙采取的防渗措施,以确保施工可靠和安全。即在盾构机开始推进后不久,就可对开挖面加压,盾构机尾部通过之后,立即进行壁后注浆,尽早稳定洞口。为了不使入口土层发生破损和反转,必须充分注意盾构机推进口的净空和土层的材质、形状、粒径等。

洞口密封装置由洞口防渗材料、防止土层反转的压板及固定它们的铁件构成。在靠构筑物始发时,它被固定在构筑物的混凝土上。在靠临时设施始发时,通过浇筑洞口混凝土等来固定。压板多采用滑动式,但必须随盾构机的移动进行调整。最近采用枢轴结构的压板（翻板式）增多,节省了压板调整时间,提高了在盾构机下部狭窄空间内作业的效果。

（3）始发步骤。

1）始发准备作业。对于土压平衡式盾构机,需配备出渣设备、壁后注浆设备、器材搬运设备等。在进行这些作业的同时,还要进行始发准备作业,始发准备作业包括始发基座的设备、盾构机的组装、洞口密封装置的安装、反力架的设置、后配套设备的设置、盾构机试运转等。拆除临时墙的作业是在开挖面自稳时间内进行的,中途不能停止。因此,各项作业均应可靠地施工。盾构机贯入地层后不能目测之处很多,始发前一定要进行试运转等。盾构始发必须待端头加固完成并达到设计强度后进行,所以应注意作业规划和进度管理。

2）拆除临时墙。拆除临时墙必须对洞口进行放样。开凿前应确认混凝土凿除部分不会引起塌方、涌水。有的地铁在做围护结构时,在洞口部位的钢筋用玻璃纤维代替,当盾构出、进洞时,不用预先开凿,而是用盾构直接破洞,从而缩短始发时间。起始推进口临时墙的拆除作业,由于伴有地层坍塌、地下水涌入等危险,拆除前要确认地层自稳、止水等状况,拆除作业要迅速而谨慎。

3）始发方案。

①盾构机主机与设备桥连接,利用临时门架将设备桥托起,后配套拖车置于出渣井后面;

②在设备桥上安装临时皮带输送机作为临时出渣设备,设备桥和后配套拖车间利用长 120m 的延长管线进行连接;

③管片和渣土的吊装均通过出渣口进行起吊;

④当盾构机掘进 53m 后,拆除反力架和负环管片,用临时钢支撑将负环管片撑住;

⑤将后配套拖车分别移至隧道内,拆除临时门架和临时皮带输送机,并将第一节后配套拖车与设备桥连接,并顺次连接第二、三、四节拖车;

⑥取掉延长管线并将盾构机配套的皮带输送机进行硫化安装,重新连接水、电、油等管路,使盾构机形成正常的掘进状态。

（4）盾构机始发的注意事项。盾构始发前要根据地层情

况设定一个掘进参数。开始掘进后要加强监测,及时分析、反馈监测数据,动态地调整盾构掘进参数,同时还应注意以下事项:

1) 始发前检查地层加固的质量,确保加固土体强度和渗透性符合要求。

2) 始发基座导轨必须顺直,严格控制其标高及中心轴线,由于始发时盾构机与地层间摩擦力很小,盾构易旋转,这时可以在盾构机两侧盾壳焊接两排钢块作为防扭装置,用来卡住始发台,防止盾构机旋转。同时应加强盾构机姿态的测量,如发现盾构有较大转角,可以采用大刀盘正反转的措施进行调整,同时推进速度要慢。

3) 在拼装第一环负环管片时,为防止两块邻接块失稳,可在管片抓取头归位之前,在盾壳内与负环钢管片之间焊接一根槽钢以扶住邻接块。

4) 始发前在刀头和密封装置上涂抹油脂,避免刀盘上刀头损坏洞门密封装置。

5) 及时封堵洞圈,以防洞口漏失泥水和所注浆液。

6) 严格控制盾构机操作,调节好盾构推进千斤顶的压力差,防止盾构发生旋转、上飘或磕头。

7) 完毕之后,始发台的端部与洞口围岩还有一定的距离。为保证盾构机在始发时不至于因刀盘悬空而造成盾构机"磕头",可在始发洞口内安设一段型钢作为始发导轨,同时应注意,在导轨末端与洞口围岩之间,应留出刀盘的位置,以保证始发时盾构机刀盘可以正常旋转。

8) 在拆除延长线时要注意推进油缸压力的保持,防止盾构机后退。

9) 始发前应在基座轨道上涂抹润滑油膏,减少盾构推进阻力。

10) 始发前应在刀头和密封装置上涂抹油脂,避免刀盘上刀头损坏洞门密封装置。

11) 及时封堵洞圈,防止洞圈漏浆。

12) 调整盾构的初始姿态。通常盾构的中心线要比隧道中心线高 20mm 左右,以防止始发时盾构磕头。

13)精确测量盾构的姿态。

(5)盾构初始掘进。

1)初始掘进长度确定。确定盾构初始掘进长度应综合考虑以下因素:

①盾构和盾构的后续台车设备;

②管片与土体之间的摩擦力足以支持盾构的推力;

③初始掘进时运输线路情况;

④施工熟练水平、施工速度及工期要求。

根据以上条件,一般初始掘进长度选择为 100m 左右。

2)初始掘进试验段掘进需要解决的问题。通过试验段掘进,掌握在不同土层中盾构掘进各项参数的调控方法、管片拼装、环形间隙注浆的工艺。同时通过监测量测分析地表隆陷、地层位移规律,及时反馈信息调整施工参数,为正常掘进提供参考依据。

①研究工程地质和水文地质特征,摸索最佳施工参数。

②地表隆陷及建筑物变形监控量测。在试验段加强监控量测,通过监测数据与掘进参数比较,掌握最佳掘进参数。

③各种操作工艺的熟练、补充及完善掘进。管片拼装工艺,同步注浆及辅助材料添加工艺,盾构姿态控制纠偏防转工艺,盾构的维修保养工艺,渣土的运输起吊、倾倒工艺等。

④完善施工管理程序和制度,进行相关人员培训。

3)初始掘进注意事项。

①负环管片脱出盾构后周围无约束,在推力作用下易变形,为此,将在管片两侧用型钢支撑加固,并用钢丝绳将管片和始发托架箍紧。

②千斤顶总推力控制在反力架的设计荷载以内。优先选用下部千斤顶,推力增加要遵守循序渐进的原则。

③盾构贯入时,应注意密封装置的压力情况,若橡胶有可能弹出,则要停止推进,对其采取加固措施,确保密封效果。

④盾构密封油脂的注入应达到压力要求,以保证盾尾的

密封效果。

⑤初始注浆时,选取注浆压力要综合考虑地面沉降要求和洞门密封装置的承压能力。

⑥临时管片可不贴密封条,但需粘贴缓冲垫,螺栓不用止水垫圈。

⑦盾构在未完全进入洞门之前,应在壳体上设置防扭转装置。

⑧调整好盾构姿态。

2. 试验掘进

一般将盾构机在机场站始发后的130m左右作为掘进试验段。通过试验段掘进以便熟练掌握盾构机操作、在不同地层中盾构推进各项参数的调节控制方法;熟练掌握管片拼装工艺、防水施工工艺、环形间隙注浆工艺;测试地表隆陷、地中位移、管片受力、建筑物下沉和倾斜等。当盾构机的刀盘部分切入帘布橡胶板并抵达掌子面时,人工将预制好的黏土土坯加入刀盘后的土仓内,以便盾构机在掘进时形成一定的土压。在确认洞门连续墙的钢筋已经割除完毕以后,进行盾构机的试运转。由于盾构机没有进洞后周围岩土侧压力的摩擦作用,且盾构油缸的推力和掌子面通过刀盘的反力都很小,所以,在试运转时应使刀盘慢速旋转,且要正、反向旋转,使盾构姿态正确。进洞后,盾构机刀盘切削水泥搅拌桩并穿越洞门端头加固区,这时,土压设定值应略小于理论值且推进速度不宜过快,各组油缸的压力不大于70bar,盾构机总推力不大于600t。盾构机坡度略大于设计坡度,待盾构机出加固区之后,为防止因正面土压变化而造成盾构机突然"低头",可将混合仓的土压力的值设定成略高于理论值,并将下部推进油缸的推力稍稍调高一些。当盾尾进入洞门后,及时调整扇形压板的位置将洞门封堵严实,以防洞口漏泥水、漏浆,从而减少地层的损失。在掘进过程中,根据情况在盾构机正面及混合仓内加入泡沫剂、膨润土、泥浆等添加剂以改善渣土性能。在施工过程中,应根据地表的监测信息对土压设定值以及推进速度等施工参数作及时的调整。

3. 到站掘进

到站掘进是指盾构机到达车站端头井之前 15m 范围内的掘进。盾构机掘进到达车站时必须准确的通过预留洞门。虽然盾构机配备有先进的测量导向系统及盾构机姿态显示系统,但为了确保盾构机顺利到站,避免工程事故的发生,在盾构机到达车站 100m 处进行一次全面的测量复核工作。测量工作不仅包括盾构机的状态的测量(隧道中线及标高的测量),还对车站预留洞门位置进行闭合测量复核,测量无误后再进行掘进施工。此时盾构隧道中心与设计隧道中心有一定的偏差,按照实际的偏差拟定一条盾构机掘进线路,在到达阶段严格控制盾构机姿态,使盾构机顺利通过洞门而且隧道衬砌不超出界限。

到站掘进前对地层进行土体加固,到达段的地层加固范围和加固严格按洞门端头土体加固的要求。

随着盾构机的推进,盾构机越来越接近车站,掘进过程中要严格控制盾构推力,降低推进速度和刀盘转速,保证车站结构的安全以及避免较大的地表沉降。具体到达步骤如下:

(1)拆除围护结构混凝土。盾构机前端靠近洞门前,先凿除部分围护结构混凝土,并在围护结构上设一个 $\phi 500mm$ 的观测孔,观测盾构机到达情况。当盾构前端靠上洞门混凝土时,停止盾构推进,尽可能掏空土仓内的泥土,然后人工凿除预留洞门范围内围护结构混凝土并割掉全部的钢筋。

(2)安装洞门密封装置。盾构机进入预留洞门前,在外围刀盘和帘布橡胶板内侧(迎盾构机侧)涂润滑油以免盾构机刀盘刮破帘布橡胶板,从而影响密封效果。当盾构机刀盘进入洞门后将扇形压板置于外侧并用螺栓固定,起到防止泥水、浆液流失的作用,从而减少到达时的地层损失。当盾尾通过洞门后,不再调整扇形压板位置(因为拼装完洞门环管片后不再进行管片的拼装)。

(3)安装接收基座。在人工凿除围护结构的同时安装盾构接收基座。接收基座的姿态(平面位置、标高)根据盾构机的姿态来进行相应的调整。使得盾构机平顺地推进到始发接收基座上，以免盾构机进洞时拉损隧道管片衬砌以及损坏盾尾密封钢丝刷。

（4）拼装到达段管片。当盾构机掘进到达段时，一方面，由于 EPB 模式中土压力的调节，盾构机推进不能够提供足够的压缩力，管片与管片间的缝隙会比较大，给防水带来一定的困难；另一方面，盾构机推进到接收基座时盾构机的姿态与理想状态有一定的偏差，盾构机移动到接收基座的过程会对已经拼装的管片产生影响；因此对到达段管片的拼装质量要求更高。拼装时要加强连接螺栓的复紧工序，将纵向螺栓尽可能地连接紧。在到达段用 6 根 [18 槽钢将出洞处 10 环管片沿隧道纵向拉紧作为辅助的手段。管片拼装至洞门环为止。

（5）注浆防水。在盾构机出洞时要加强同步注浆和二次注浆，尤其是在盾尾进入加固区后，调整二次注浆浆液的性状，采用快硬性浆液或聚胺酯材料充填管片与加固区刀盘开挖面之间的空隙，作为一道比较理想的临时防水措施。

（6）洞门施工。到达段洞门的施工要通过合理的组织，及时进行施作以免引起较大的地层损失。洞门的施工安排在盾构机进入端头井进行调头、转场、拆卸施工时进行。

4. 盾构到达掘进

盾构机的到达，是指在稳定地层的同时，将盾构机沿所定路线推进到竖井边，然后从预先准备好的大开口处将盾构机拉进竖井内，或推进到到达墙的所定位置后停下等待一系列的作业。施工方法有两种，一种是盾构机到达后拆除到达竖井的挡土墙再推进，另一种是事先拆除挡土墙，再推进到指定位置。到达掘进一般为进洞前 15～30m 的掘进。

（1）盾构机到达后拆除挡土墙再推进的方法。将盾构机推进到到达竖井的挡土墙外，通过预先对到达端头地基改良使地层能够自稳，拆除挡土墙，再将盾构机推进到指定位置。

拆除挡土墙时，盾构机停在敞开的围岩前面，盾构机前面与到达竖井之间间隙小，故自稳性强。由于工种少，施工安全性好，这是一种被广泛采用的施工方法。但因盾构机再推进时围岩易发生坍塌，所以多用于地层稳定性好的中小断面盾构工程。

（2）盾构机到达前拆除挡土墙再到达的方法。该法因事先要拆除挡土墙，所以要进行高强度的地基改良，在构筑物内部设置易撤去、能受力的钢制隔墙；然后从下至上拆除挡土墙，用水泥土或贫配比砂浆顺次充填围岩改良体与隔墙间的空隙，完全换成水泥土或贫配比砂浆后，将盾构机推进到构筑物内的隔墙前，拆除隔墙，完成到达过程。因不让盾构机再次推进，有防止地基坍塌之效果，洞口防渗性也很强，但地基改良的规模增大，而且必须设置隔墙，故扩大了到达准备作业的规模，但确保了地层稳定。这种方法多用于大断面盾构工程中。

（3）到达步骤。掘进到达之前，要充分地进行基线测量，以确定盾构机的位置，掌握好到达口前的线形。由于必须在到达口的允许范围内贯入，所以要精密测量各个管片环，保证线形无误。盾构机至到达口跟前时，挡土墙将发生变化，对于特别容易变形的板桩之类的挡土墙，应事先进行补强以防止盾构机推力的影响。补强方法一般采用从竖井内用工字钢支承，或用埋入构筑物内的临时梁支承。假如盾构机的开挖面靠近到达竖井，则对竖井挡土墙的状况要经常进行观测，将盾构机推进控制在与位移吻合的程度。特别是开挖面压力急剧下降时易导致围岩坍塌，故需综合考虑盾构机的位置、地基改良的范围、挡土墙的位移、地表面沉陷等因素来确定开挖面的压力。

1）盾构机的到达。由于刀具不能旋转或推力上升等机械操作方面的变化，虽然能察觉到已到达临时墙，仍应从到达竖井的临时墙钻孔和测量来确定盾构机位置，再确定是否停止推进。停止推进后，为防止临时墙拆除后漏水，应仔细进行壁后注浆施工。

2）临时墙的拆除。拆除临时墙前，在临时墙上开几个检查口，以确认围岩状况和盾构机到达位置。临时墙的拆除与始发相同。围岩的自稳性会随着时间而变化,故作业必须迅速进行,力求稳定围岩。特别是在拆去了临时墙将盾构机向竖井内推进时,应仔细监视围岩状况,谨慎施工。

(4) 到达掘进注意要点。

1) 为确保盾构在到站时的位置准确,在盾构离端头100～150m时,需进行精确测量、定位,调整盾构姿态,离端头50m时,需再次精确测量,以便于纠偏、对高程、盾构姿态进行调整,测量采取自动导向与人工测量相结合。

2) 掘进速度逐渐放慢,掘进推力相应减少。

3) 到站掘进中,由于盾构推力减少,安装的管片反力就小,使管片安装不密贴,易造成漏水现象。为满足管片接缝防水要求,自离端头50m开始,在安装完每一环管片后,在每环管片的300mm、1500mm、2100mm、3300mm位置,安装四个固定板,然后与上一环管片用角钢焊接。

4) 加大地面监测频率,依据监测结果及时调整掘进参数。

5. 正常掘进

为了防止盾构机掘进对地面建筑物产生有害的沉降和倾斜,防止盾构施工影响范围内的地下管线发生开裂和变形,必须规范盾构机操作并选择适当的掘进工况,减小地层损失,将地表隆陷控制在允许的范围内(−3～1cm)。

6. 盾构纠偏

盾构的姿态偏差主要是方向偏差和滚动偏差。方向偏差是指盾构在水平和竖直方向偏离了线路的方向,滚动偏差则指盾构的机身沿其轴线发生了旋转。由于隧道通过的岩层软硬不均、岩层界线变化较大且盾构在掘进过程中还需要适应线路在平面方向和竖直方向的变化,盾构掘进参数的设置不可能随时都能完全适应掌子面的岩石情况,因此盾构容易发生方向偏差,即上下和左右方向的偏差;另外,由于盾构在掘进过程中是依靠刀盘的旋转来挤压和切削岩体而工作的,因此盾构机身有向刀盘旋转方向相反的滚动趋势,如果这种滚动趋势得不到有效的控制,盾构就会发生滚动,即发生滚动偏差,方向偏差和滚动偏差都会对盾构的掘进带来不利的影响,因此有必要对其进行控制和纠正。

(1)方向偏差。盾构产生方向偏差的主要原因有以下几个方面:

1)盾构推进过程中不同部位的推进千斤顶参数设置不能与实际需要完全吻合,致使推进千斤顶在不同部位的推进量不一致而产生方向偏差。

2)开挖掌子面的土层软硬不均,刀盘在洞室不同部位的阻力不一致,致使刀盘向阻力较小的方向移动而产生方向偏差。

3)刀盘自重的影响,使盾构有向下低头的趋势。

(2)滚动偏差。产生滚动偏差的主要原因是盾构壳体与洞壁之间的摩擦力矩不能平衡刀盘旋转的扭矩。这种情况在盾构通过稳定性较好的地段尤为明显,因为此时盾构壳体与洞壁之间只有中下部才产生摩擦力,同时其摩擦系数也相对较小。盾构产生过大的滚动不仅会影响管片的拼装,也会引起隧道轴线的偏斜。

通过电子经纬仪测量盾构的竖直角和水平角的变化来确定盾构在竖直方向和水平方向偏差。自动监测则采用盾构自带的激光导向系统。

(3)姿态的监测。与方向偏差的监测类似,姿态的监测也采用人工监测和机器自动监测相结合的手段进行监测。人工监测的主要仪器是精密水准仪,通过测量监测点的高程差来计算滚动角。自动监测则采用盾构自带的滚动角测量系统进行监测。

(4)盾构姿态调整。

1)方向偏差的纠正。方向偏差的纠正通过调整油缸来实现。将每个区域的油缸编为一组,每组油缸设有一个电磁比例减压阀,调节该组油缸的工作压力。另外,每组推进油缸中都有一个油缸装有位移传感器,以显示该分区的行程。通过控制各分区的工作压力,进而控制各分区的推进量,便可以控制盾构的方向,同时也可以通过调整各区域的推进量来纠正方向偏差,当盾构出现左偏时,则升高左侧 B 区域的油缸压力,同时降低右侧 C 区域的油缸压力,这样左侧的推进量相对于右侧的推进量就会变大,从而实现了纠偏。以此类似,当出现右偏时,则加大右侧千斤顶的推进量,当出现上仰时,则加大上侧千斤顶的推进量;当出现下俯时,则加大下侧千斤顶的推进量。

盾构在通过水平曲线和竖向曲线时,应对盾构推进千斤顶的油缸进行分区控制,以便使盾构按预定的方向偏转。

2)滚动偏差的纠正。当盾构的实际滚动偏差超过允许值时,盾构会自动报警,此时应将盾构刀盘进行反转,以实现纠偏。在围岩较硬的地段,盾构与地层的摩擦力较小,盾构容易发生滚动,为了防止盾构反复出现偏差和进行纠偏,应及时使用盾构上的稳定器。

(5)纠偏要点。

1)盾构出现蛇行时,应在长距离范围内慢慢修正,不可修正过急,以免出现更多蛇行或更大的蛇行量。

2)根据掌子面地层情况及时调整掘进参数,避免出现更大的偏差。

3)在纠正滚动偏差而转换刀盘转动方向时,宜保留适当的时间间隔,不宜速度太快。

7. 曲线地段

在曲线段(包括水平曲线和竖向曲线)施工时,盾构机推进操作控制方式是把液压推进油缸进行分区操作,使盾构机按预期的方向进行调向运动。曲线段施工时,采用安装楔形环与伸出单侧千斤顶的方法,使推进轨迹符合设计线路的弯道要求。

在曲线段推进时,要注意以下几点:

1)进入弯道施工前,调整好盾构的姿态。

2)精确计算每一推进循环的偏离量与偏转角的大小,根据盾尾间隙和掘进线形,选择合适类型的管片拼装,合理选配推进千斤顶的数量、推进力、分区与组合进行推进。

3)将每一循环推进后的测量结果记入图中与设计曲线

相对照,确定是否修正下次推进的偏转量与方位角。

4)合理选择超挖量,尽量使盾构靠近曲线内侧推进,将推进速度控制在 30~40mm/min 内,或将每一循环分成几次推进,从而减小管片的受力不均。

5)为防止管片的外斜,必须保证管片背后注浆的效果,使千斤顶的偏心推力有效地起作用,确保曲线推进效果,减少管片的损坏与变形。

6)当盾构偏离曲线的设计线路较大时,停止盾构推进,采取相应措施,避免下述现象发生:在曲线推进过程中出现管片损坏严重、管片螺栓折断,接头部件损坏,管片拼装困难、隧道衬砌超限等问题。

7)根据掌子面地层情况,及时调整掘进参数,调整掘进方向,避免引起更大的偏差。

8)蛇行的修正以长距离慢慢修正为原则,如修正得过急,蛇行反而更加明显。在曲线推进的情况下,使盾构当前所在位置点与远方的一点进行线路拟合,使隧道衬砌不超限。纠偏幅度每环不超过 20mm。

9)在曲线施工中,盾构曲线走行轨迹引起的建筑空隙比正常推进大,必须加大注浆量,正确选好压注点,并做好盾尾密封装置的技术措施。

8. 两相邻隧道盾构施工的影响

两相邻隧道的短距离对盾构施工尤其是对到达段的施工非常不利,当后续盾构施工到此段时,可能会对已经施工好的隧道造成影响和造成地层坍塌,一般采用的施工技术措施如下:

(1)对线间距非常小的地段进行地层加固,提高两条隧道之间地层的强度和稳定性。

(2)当采用土压平衡模式掘进时,严格控制掘进速度、掘进推力和土仓压力,并精确控制盾构的姿态,降低对地层的扰动。

(3)加强地表沉降监测和先行隧道的变形监测,严格控制同步注浆压力,一旦发现异常,及时调整掘进参数和采取加固措施,确保地面环境和已建成隧道的安全。

(4) 必须确保左右线两台盾构有一定的安全间距。

9. 通道、泵站施工

(1) 通道泵站主要施工工序如下:

1) 预注浆加固地层。预注浆一般在两条平行隧道内进行。为加快施工进度,保证注浆质量,注浆加固工作最好在两条隧道内同时进行。根据两条隧道的间距,分为两个注浆段,注浆孔采用辐射状,终孔位置附近可满足加固范围的要求,若孔口附近浆液扩散较近,满足不了加固范围,可在孔口附近补打短孔,以便地层加固范围均能予以满足。

根据以往的经验,软弱地层中成孔困难,前期孔可采用分段前进式注浆,虽然速度较慢,但可以保证注浆质量。如采用单液注浆,可将两泵输浆管放在同一种浆液中,或用一台泵即可。当达到设计注浆压力并且注浆量达到计算注浆的 80% 以上时,可结束本孔注浆。按照设计要求每孔均达到注浆结束标准,即可结束该段注浆。必要时取样进行力学试验、分析,均达到要求后,再进行下步工作。否则,进行补孔注浆。

2) 超前小导管注浆。超前小导管注浆有两个作用:一是对原加固的地层再次进行处理,二是超前导管起到超前插扦的超前支护作用。超前导管的长度可根据一次开挖长度及机具性能决定,一般以 3～5m 为宜。

超前导管一般以 $\phi32$ 或 $\phi42$ 无缝钢管制作。先将钢管截成需要的长度,尾端做成尖锥形,并钻 $\phi6～8mm$ 的孔,头部根据与注浆管连接的孔式可加工成丝扣或焊上 6mm 钢筋箍。小导管的安设采用钻孔顶入法。顶入后在孔口用塑胶泥或喷混凝土封闭。一般来说,若小导管注浆压力低,进浆量小,可采用简易的风动注浆泵进行压注。

3) 上半断面开挖。上半断面开挖工作量小,且对断面精度要求高,在经过加固后的软弱地层,宜采用人工开挖的方法。为保证工作面的稳定性,开挖时可采用环形开挖留核心的办法,即在架设钢拱架部位先开挖,不妨碍一次支护的部分保留下来。必要时，可用喷混凝土对工作面进行临时封闭。如地层处理效果较差，可采用扦板法施工，即预先将钢板扦入地层中，在其保护下进行开挖，确保施工安全。一次开挖长度不宜过长，一般控制在 0.5～1.0m 之间。

4）上半断面一次支护。开挖工作完成后，应立即架设钢拱架，挂网、喷射混凝土，对围岩进行支护，其间隔时间（即从开挖至一次支护完成之间隔）应不超出 2h。

钢拱架的拱脚要放在可靠的基础上，如地层松软，可用钢板或予制混凝土板（块）支撑，必要时加设拱脚锚杆。两根钢拱架之间要用钢筋连接，钢筋两头要分别牢固地焊接在两榀钢架上，以增加其刚度和稳定性。喷射混凝土时，最好分 2～3 次喷够厚度，以满足柔性支护的要求。

5）施工监测。在软弱地层中施工，量测是必不可少的工序。根据量测结果可以判定洞室是否稳定，是否需要加强支护手段，为下段设计和施工提供依据。同时量测还可以提供坍孔危险讯号，以便及早采取措施，预防塌方。

工作面观测、拱顶下沉量测及洞室收敛量测是监测工作中不可缺少的项目，同时根据工程需要，还可进行多点位移量测、地层对喷层压力量测，喷层变形量测等。如量测后围岩不稳定，洞室下沉，收敛变形过大，可采用增加网喷厚度、安设投脚锚杆等措施来解决。甚至可以提前施作钢筋混凝土衬砌，抑制结构的变形。

6）下半断面开挖及支护。下半断面（包括核心土）开挖工作量大，但施工场地较宽阔。可采用小型推进机或小型装载机开挖。开挖后，及时将钢拱架接上并架设仰拱钢架，喷射混凝土，使一次支护尽早成环，从而减少地表及土层变形。

下半断面开挖时，可根据预注浆对地层处理的效果，采取补救措施。如地层处理结果较差的地段，可先用小导管补充注浆，进行二次处理，也可以跳槽开"马口"形式，先把钢拱架立脚接下来，然后再开挖。总之，要根据具体情况，灵活改变施工工序。在下半断面开挖、支护过程中，要特别重视量测工作，以防止上部变形过大或"坍拱"造成不应有的损失。

7）集水井的开挖。在整个通道打通并一次支护完成后，开始进行集水井的开挖。由于地层加固范围的限制，集水井的部分地层未进行处理。因此，集水井的开挖施工顺序是：

①对地层进行处理，处理的方法分为两种：一种是向下打孔、注浆，使集水井周围有 2m 左右的地层被加固；一种是采用井点降水法，疏干集水开挖井范围内的地下水，给开挖创造条件。究竟采取哪种方法，视现场具体情况选择。

②小导管周边注浆。在开挖周边安设小导管并进行注浆加固，以再次对地层进行改良。

③开挖深度每次为 0.5～0.75m。

④支护，每循环开挖完毕后，采用型钢钢架进行支护并喷射混凝土。以此顺序逐步向下开挖。

8）模注钢筋混凝土直至设计深度。待通道集水井全部施工完毕后，继续对结构进行量测，当量测的拱顶下沉及洞内收敛值基本稳定后，施作二次模筑钢筋混凝土。

9）施工注意事项。通道泵站全暗挖施工，是在弱软围岩中进行，而且两条平行的地铁隧道业已完工。必须稳扎稳打，步步为营。若稍有不慎，不仅影响通道、泵站的质量，而且由于通道变形过大或破坏，还会影响到两隧道结构安全。因此，施工中必须注意以下几点：

①必须有一支施工经验丰富、责任心强的施工队伍。这支队伍从领导到工人，都必须熟悉全暗挖的每一道工序及其衔接，必须充分了解设计意图和施工方法，并在施工中能灵活运用。

②切实保证预注浆的质量，这是全暗挖法成功的关键。严格掌握注浆结束标准及检查验收标准，对不符合质量标准的坚决推倒重来，绝不允许侥幸、凑合心理和不负责任的态度。

③台阶长度要严格控制，绝不可过长，根据以往量测结果及理论计算，台阶长度即结构未封闭的距离不得超过开挖长度的 2～3 倍。

④每次严格控制进度，杜绝盲目冒进。

⑤加强施工监测,及时了解围岩及结构的动态变化,反馈给现场指挥及技术人员,以便根据情况,采取相应的对策。

第七章

爆破危害控制与安全

第一节 爆破地震安全距离

知识链接

★ 设置爆破器材库或露天堆放爆破材料时，仓库或药堆至外部各种保护对象的安全距离，应按下列条件确定：

1) 外部距离的起算点是：库房的外墙根、药堆的边缘线、隧道式洞库的洞口地面中心。

2) 爆破器材储存区内有一个以上仓库或药堆时，应按每个仓库或药堆分别核算外部安全距离并取最大值。

—— 《水利工程建设标准强制性条文》
（2016年版）

一、爆破地震安全震动速度

一般建筑物和构筑物的爆破地震安全性应满足安全震动速度的要求，主要类型的建（构）筑物地面质点的安全震动速度规定如下：

（1）土窑洞、土坯房、毛石房屋 1.0cm/s；

（2）一般砖房、非抗震的大型砌块建筑物 2～3cm/s；

（3）钢筋混凝土框架房屋 5cm/s；

（4）水工隧洞 10cm/s；

（5）交通隧洞 15cm/s；

（6）矿山巷道：围岩不稳定有良好支护 10cm/s；围岩中等稳定有良好支护 20cm/s，围岩稳定无支护 30cm/s。

二、爆破地震安全距离

爆破地震安全距离可按下式计算：

$$R = \left(\frac{K}{V}\right)^{\frac{1}{\alpha}} Q^m \qquad (7\text{-}1)$$

式中：R——爆破地震安全距离，m；

Q——炸药量，kg；齐发爆破取总炸药量，微差爆破或
秒差爆破取最大一段药量；

V——地震安全速度，cm/s；

m——药量指数，取 1/3；

K、α——与爆破点地形、地质等条件有关的系数和衰减
指数，可按表 7-1 选取。或由试验确定。

表 7-1　　　　　　　爆破不同岩性的 K、α 值

岩性	K	α
坚硬岩石	50～150	1.3～1.5
中硬岩石	150～250	1.5～2.0
软弱岩石	250～350	2.0～2.2

三、特殊情况爆破试验

在特殊建(构)筑物附近或爆破条件复杂地区进行爆破
时，必须进行必要的爆破地震效应的监测或专门试验，以确
定被保护物的安全性。

四、振动速度控制标准

依据表 7-2 和表 7-3 定出的标准，只要三个正交方向的
某一方向的振动峰值等于或超过它都认为是不允许的。

表 7-2　　　　　　　允许爆破振动速度和破坏标准

质点振动速度/(cm/s)	大体积混凝土	基岩	地下工程
<1.2	浇筑 1～3d 的混凝土		
1.2～2.5	浇筑 3～7d 的混凝土		

质点振动速度/(cm/s)	大体积混凝土	基岩	地下工程
2.5～5.0		1. 软弱破碎基岩原有裂缝可能扩大； 2. 基岩边坡有小块碎石滚落	
5.0～10.0	28d 以后到达设计强度的混凝土	1. 软弱坝基原有裂缝可能扩大； 2. 接近地表的泥化夹层有微小错动或张开	1. 土洞有掉块； 2. 未衬砌的松散洞体有小的掉块
10.0～20.0	1. 老混凝土； 2. 新浇 7d 内的混凝土，可能产生裂缝	1. 软弱基岩原有裂缝张开和延长，泥化夹层有小错动； 2. 中等坚硬岩原有裂缝有时有微小张开	1. 隧洞原有裂缝有扩大； 2. 破碎岩体有掉块； 3. 管道接头有细微变位
20.0～30.0	老混凝土可能出现微小裂缝	1. 坚硬岩石原有裂缝有微小张开； 2. 中等坚硬岩原有裂缝扩宽、延长，有时出现新裂缝； 3. 层面错动	1. 隧洞有大掉块，有时有小的塌落； 2. 岩柱有掉块
30.0～60.0	老混凝土出现少量裂缝	1. 坚硬岩石出现少量裂缝； 2. 基岩露头有掉块； 3. 松散土体或夹石土体大塌方，岩石边坡局部塌方； 4. 土壤地表开裂	1. 衬砌混凝土出现裂缝； 2. 管道变形； 3. 顶板有塌方
60.0～90.0		岩石产生较大破裂	1. 地下建筑物或衬砌体破裂； 2. 硬岩体裂缝严重扩张
>90.0		岩体破坏	地下建筑物严重破坏

表 7-3   建(构)筑物和设备允许爆破振动速度和破坏标准

质点振动速度 /(cm/s)	工业与民用建筑物	结构物与设备
<0.5	1. 被保护的古代建筑物; 2. 旧的、有破损的和变形的土坯房屋、干打垒房屋、木结构房屋	
0.5~1.0	1. 旧的、有破损和变形的土坯房屋、干打垒房屋、木结构房屋等有轻微裂损; 2. 修建在地基很差的旧房	1. 电器继电开关可能跳闸; 2. 一般精密仪器车间的仪器; 3. 除继电开关外一般电器设备
1.0~3.0	1. 有人居住的普通砖瓦房; 2. 破旧变形房屋有轻微破坏,一般质量较差的房屋有抹灰脱落; 3. 大型预制板建筑物,有可能出现轻微损伤	1. 电机、水轮机; 2. 一般精密仪器车间的仪器; 3. 除继电开关外一般电器设备
3.0~5.0	1. 单砖墙1~2层建筑抹灰有裂缝; 2. 新的土坯、干打垒、木结构房屋; 3. 块石砌体房屋; 4. 旧的良好的工业与民用房屋	砖管有轻微裂缝
5.0	1. 钢筋混凝土烟囱; 2. 新的工业与民用砖瓦房; 3. 牢固的新木制房; 4. 以砖为墙的钢筋混凝土框架建筑物	1. 钢筋混凝土管; 2. 大型平板和弧形闸门; 3. 运输用栈桥; 4. 大中型桥梁; 5. 混凝土闸墩; 6. 混凝土重力坝
5.0~10.0	1. 一般房屋有刷浆脱落、抹灰裂缝,原有裂缝有扩大和延长; 2. 砖混凝土烟囱产生裂缝; 3. 临时塔的掩体有掉块; 4. 砖柱型房屋勾缝处有细裂缝	

质点振动速度 /(cm/s)	工业与民用建筑物	结构物与设备
10.0~16.0	1. 一般房屋出现裂缝; 2. 混凝土地面产生裂缝	混凝土重力坝可能产生裂缝
16.0~25.0	1. 一般房屋出现中等破坏,砖墙出现较宽裂缝砌体有错动; 2. 抹泥有脱落	
25.0~50.0	1. 一般房屋出现严重破坏,产生大裂缝; 2. 新的混凝土房屋产生裂缝; 3. 房屋砌体错动; 4. 房檐塌落	

第二节　爆炸冲击波安全距离

一、空气冲击波的测量

爆炸冲击压力的测量,一般多采用爆压测量仪。爆压测量仪是先测定其周边固定的金属圆板所承受爆炸冲击压力时产生的变形量,再由该变形量求出爆炸冲击压力。金属圆板一般采用 0.5mm 的铅板,并经过 3h 的 300℃ 退火处理。爆压测量仪的校准是用击波管等发出大小已知的各种冲击压力冲击爆压测量仪,测出金属板在各种压力下的变形量进行校核。爆压测量仪只能测量爆炸冲击压力的最大值。若既要测量冲击压力的大小,又要测量冲击波的波形和持续时间,就必须使用电测压器和与其配套的记录装置。

二、爆破空气冲击波的评价标准(表 7-4)

表 7-4　　空气冲击波和超压对人体的危害情况

序号	超压值/MPa	伤害程度	伤害情况
1	<0.002	安全	安全无伤
2	0.02~0.03	轻微	轻微挫伤

序号	超压值/MPa	伤害程度	伤害情况
3	0.03～0.05	中等	听觉、器官损伤,中等挫伤、骨折
4	0.05～0.1	严重	内脏受到严重挫伤,可能造成伤亡
5	>0.1	极严重	大部分人死亡

三、空气冲击波安全距离

对掩体内人员的最小安全距离见表 7-5。

表 7-5 最小安全距离

计算公式	代号说明
$R_k = 25\sqrt[3]{Q}$	Q——一次爆破的炸药量(kg);秒延期爆破时,a 按各延期段中最大药量计算;毫秒延期爆破时,Q 按一次爆破总药量计算

药包爆破作用指数 $n<3$ 的爆破作业,对人和其他被保护对象的防护,应首先核定个别飞散物和地震安全距离。当需要考虑对冲击波的防护时,其安全距离由设计确定。地下爆破时,对人员和其他保护对象的空气冲击波安全距离由设计确定。地下大爆破的空气冲击波安全距离应邀请专家研究确定,并经单位总工程师批准

四、空气冲击波的防护措施

(1)采用毫秒延期爆破技术来削弱空气冲击波的强度。

(2)严格按设计抵抗线施工可防止强烈冲击波产生。实践证明,精确钻孔可以保持设计抵抗线均匀,防止因钻孔位偏斜使爆炸产物从钻孔薄弱部位过早泄漏而产生较强冲击波。

(3)裸露地面的导爆索用砂、土掩盖。对孔口段加强填塞及保证填塞质量,能降低冲击波的强度影响。

(4)对岩体的地质弱面给予补强来扼制冲击波的产生渠道。如钻孔装药遇到岩体弱面,诸如节理、裂隙和夹层等,应当给上述弱面做补强处理,或者减少这些部位的装药量。

(5)控制爆破方向及合理选择爆破时间。在高处放炮,当其前沿自由面存在建筑群时,应设计爆破最小抵抗线方向反向于建筑群方向,或降低自由面高度,使冲击波尽量少影

响建筑群。

（6）注意爆破作业时的气候、天气条件，风大时，会增大爆破冲击波的影响。

（7）预设阻力墙。有以下几种选择：水力阻波墙、沙袋阻波墙、防波排柱、木垛阻波墙、防护排架等。

除上述空气冲击波控制措施外，还可以在爆源上加覆盖物，如盖装砂袋或草袋，或盖胶管帘、废轮胎帘、胶布帘等覆盖物。对建筑物而言，还应打开窗户并设法固定，或摘掉窗户。如要保护室内设备，可用厚木板或砂袋等密封门、窗。

第三节　爆破堆积体与个别飞散物计算

一、露天进行各种爆破个别飞石安全距离

（1）对人员距爆破地点的安全距离不得小于表 7-6 的规定。

（2）对设备或建筑物的飞石安全距离由设计确定。

表 7-6　各种爆破（抛掷爆破除外）个别飞石对人员的安全距离

爆破类型	爆破方法	个别飞石最小安全距离/m
露天土岩爆破	浅孔爆破法破大块	300
	浅孔台阶爆破	200（复杂地质条件下或未形成台阶工作面时不小于 300）
	深孔台阶爆破	按设计，但不小于 200
	洞室爆破	按设计，但不小于 300
破冰工程	爆破厚度大于 2m 的冰层和用 300kg 以内炸药爆破阻塞流冰	300
爆破金属物	在露天爆破场	1500
	在装甲爆破坑中	150
	在厂区内的空场上	由设计确定
	爆破热凝结构	按设计，但不小于 30
	爆破成型与加工	由设计确定

爆破类型	爆破方法	个别飞石最小安全距离/m
拆除基础、炸倒构筑物和房屋		由设计确定
地震勘探爆破	浅井或地表爆破 在深孔中爆破	按设计,但不小于100 按设计,但不小于30
用爆破器扩大钻井		按设计,但不小于50

注:1. 沿山坡爆破时,下坡方向的飞石安全距离应增加50%。

2. 同时起爆或毫秒延迟起爆的裸露爆破药量(包括同时使用的导爆索药量)不应超过20kg。

3. 当爆破器置于深度大于50m钻井内时,最小安全距离可缩小至20m。

二、抛掷爆破个别飞石安全距离的计算方法

抛掷爆破个别飞石安全距离按下式计算:

$$R_F = 20n^2WK_F \qquad (7\text{-}2)$$

式中:R_F——飞石对人员的安全距离,m;

n——计算药包的爆破作用指数;

W——最大一个药包的最小抵抗线,m;

K_F——安全系数,通常可取 1.0~1.5;风大且又顺风时,应按 1.5~2.0,或更大些;当抛掷方向正对最小抵抗线方向时,应取 1.5;对于山谷地形,应取 1.5~2.0。

对于机械设备,以上计算值减半(见表 7-7)。

表 7-7   抛掷爆破个别碎石飞散的安全距离

最小抵抗线	爆破作用指数 n									
	对于人员					对于机械				
	1.0	1.5	2.0	2.5	3.0	1.0	1.5	2.0	2.5	3.0
1.5	200	300	350	400	400	100	150	250	300	300
2.0	200	400	500	600	600	100	200	350	400	400
4.0	300	500	700	800	800	150	250	500	550	550
6.0	300	600	800	1000	1000	150	300	550	650	650

最小抵抗线	爆破作用指数 n									
	对于人员					对于机械				
	1.0	1.5	2.0	2.5	3.0	1.0	1.5	2.0	2.5	3.0
8.0	400	600	800	1000	1000	200	350	600	700	700
10.0	500	700	900	1000	1000	250	400	600	700	700
12.0	500	700	900	1200	1200	250	400	700	800	800
15.0	600	800	1000	1200	1200	300	400	800	800	800
20.0	700	800	1200	1500	1500	350	400	800	1000	1000
25.0	800	1000	1500	1800	1800	400	500	900	1000	1000
30.0	800	1000	1700	2000	2000	400	500	1000	1200	1200

注：当 $n<1$ 时，将最大药室的最低抵抗线（W）换成相当于抛掷爆破的最小抵抗线（W_P），$W_P=\frac{5}{7}W$，再根据 $n=1$ 条件按本表差得碎石分散安全距离。

三、爆破个别飞散物安全控制措施

（1）合理选择临空面，合理选择抵抗线方向，使被保护对象避开飞石主方向，从而最大限度地使被保护对象免受飞石危害。

（2）合理的装药结构、爆破参数和排间起爆时间。前排钻孔要根据坡面角度来确定钻孔角度，要控制钻孔精度，抵抗线均匀，不要过量装药。合理控制排间起爆时间，做好爆破起爆网路设计。一般情况下，相邻排间延迟时间以控制在 $25\sim50$ms 为好，V 形起爆网路的爆岩飞散较一字形网路的少。

（3）做好特殊地形地质条件的处理。当存在与临空面贯穿的断层带或其他软弱破碎带时，应适当调整装药位置，通过间隔装药即在结构面与钻孔贯通处用炮泥填塞方式来防止爆生气体沿该弱面冲出形成飞石。采用深孔或浅孔控制爆破时，可调整装药位置加以解决。

第四节　爆破粉尘的产生与预防

一、粉尘的产生

露天爆破的粉尘主要来源于穿孔爆破(占 35％)、装运(40％)和已沉降在爆区地面的粉尘。爆破后,产生的粉尘扩散到露天爆区的整个空间,然后进入大气流扩散到地表。粉尘扩散时间超过 30min,扩散的水平距离达 12～15km 时,上升高度可达 1.6km。

研究表明,爆破粉尘生成量随岩石坚硬度的增高而增加。例如,爆破 1m³ 页岩的粉尘生成量为 0.03kg,爆破 1m³ 极坚硬磁铁矿页岩的粉尘生成量达 0.17kg。含水矿岩爆破时粉尘量减少 33％～60％。

二、防尘措施

(1)水封爆破降尘。水封爆破是把水装在用聚氯乙烯、聚乙烯等薄膜加工的塑料袋中充当炮泥,放在炮孔中封堵炸药。

(2)喷雾降尘。爆破后采用喷雾降尘,常用的喷雾器有:

1)压力水喷雾器。容易安装、使用方便,只要具有一定压力的水通过喷雾器便可喷雾。常用的有武安-2 型、武安-4型等。

2)风水喷雾器。喷出的雾粒细、射程远,喷雾面积大,在 10～20m 范围内防尘效果较好。但需消耗气压,当风压低于水压较多时,产生雾粒过粗;反之又产生超细物粒。常用的有 W 型喷雾器、套筒型喷雾器和 HTY-2 型喷雾器。

(3)水幕净化。为加速湿润粉尘的沉降,在距掘进工作面 20～30m 处设置粗雾粒净化水幕。目前使用的水幕有管状水幕和喷雾器水幕两种。

(4)均匀布孔,控制单耗药量、单孔药量与一次起爆药量,提高炸药能量有效利用率。

(5)用毫秒延期起爆技术。

(6)根据岩石性质选择相应的炸药品种,努力做到波阻抗匹配。

三、防尘改善要点

1）合理选择炸药。选用带有中性或近似中性的炸药。如爆破 1kg 粒状三硝基甲苯向大气排放有毒气体 240L，而 1kg 粒状硝酸铵产生 140L 有毒气体，使用乳化炸药量少，只有 45～50L/kg。

2）选用低能炸药和正确选用炸药单耗减少过度粉碎区。过度粉碎区是粉尘的主要来源。缩小药包直径也是很好的防尘措施。

3）挤压爆破技术和采用高锚固能力的炮孔封泥也可以降低有毒气体的排除。合理选择炮孔装药结构、起爆地点、起爆方向是有效降低粉尘和有毒气体的方法。

4）采用水封爆破。在爆破时产生水雾，水雾在高温高压条件下与一氧化碳反应产生二氧化碳和氧气，可以有效的降低烟炮中一氧化碳的浓度。

5）炸药的成分对爆后有毒气体的成分有直接的影响。对于这方面的试验很复杂，实验条件不同，同一种炸药爆炸后生成的有毒气体也不同。

6）洒水法。在爆破前，通过平行于爆区工作线布置的许多聚乙烯软管把水洒在爆区上，每立方米爆破矿岩用管长度 0.3m，可以降低尘气云上升高度和粉尘、有毒气体浓度。

7）爆破完成时以与尘气云运动相反方向往爆区内喷洒汽水混合物，抑制粉尘和有毒气体的产生。

第五节　爆炸有害气体扩散安全距离

一、毒气影响半径估算

当设计松动爆破，上抛或下抛爆破时，如总药量大于 100t，需确定毒气影响区的半径。毒气影响半径见表 7-8。

表 7-8		毒气影响半径	
项目	内容	计算公式	说明
毒气影响区半径 r_2/m	当总药量大于100t时	$r_2 = k_2 \sqrt{cQ}$	Q——总装药量，kg； c——1kg炸药爆炸生成的有害气体量(折合成CO)，L/kg； k_2——由实验确定的系数，等于1~1.5

注：确定气体危险区半径时，要考虑爆区的气候条件(风向和风速)。当爆破时明显刮风，下风向的危险区半径应增大一倍。

二、爆破有害气体的测量方法

工程爆破有害气体主要包括一氧化碳(CO)、氮的氧化物、硫化物等。其测量方法主要有仪器法、气体传感器法、化学检测法。

1. 仪器法

热学式气体测定仪。常用的易燃易爆气体测爆仪、一氧化碳测定仪、爆炸粉尘测定仪等。

光电式气体测定仪。对芳烃气体及紫外和可见光有一定吸收的有毒、有害气体的测定。

电导式气体测定仪。如氨气测定仪、二氧化氮测定仪等。

2. 气体传感仪

主要有半导体气体传感仪、固体电解质气体传感仪、接触燃烧式气体传感仪、高分子气体传感仪等。

3. 化学检测法

利用化学试剂制成的指示剂与被检测气体发生化学反应，使指示剂的颜色发生变化，根据指示剂颜色的变化检测气体的种类和浓度。

三、降低爆破有害气体的技术措施

降低有害气体的危害程度，可采用以下措施：

(1) 选定炸药合理配方。根据我国有关部门研究提出，矿用炸药的有害气体含量不宜超过80L/kg。研究新品种炸药时,必须坚持通过实验室及工业性试验,得出结论才能推广使用。应按工业试验要求检验炸药各项指标是否符合有关规定。

(2) 增大起爆能。应选用传感适中、威力较大的炸药作为起爆药包,这对传感度较低炸药尤为重要。

(3) 选择合理装药形式。装药前必须对孔内积水及岩粉处理干净。根据情况采用散装药,将会显著降低有毒气体浓度。

(4) 加强通风与洒水。应加强通风,一切人员必须等到气体稀释到《爆破安全规程》(GB 6722—2014)中允许的浓度以下时才准返回工作面;地下爆破时,至少通风 15min 才准进入工作面。按照一般经验,爆破粉尘可在几至十几分钟内扩散干净。

第六节　爆破噪声及其控制

一、爆破噪声的预防

爆破噪声的预防可由其形成的基本原理着手。下面介绍一些预防爆破噪声的方法。

(1) 应尽量避免在地面敷设雷管和导爆索,当不能避免时,应采取覆盖土或水袋的措施。实践证明,雷管或导爆索在地面爆炸时引起的噪声强度很高。

(2) 采用延期爆破。不仅能降低爆破的地震效应,还能降低爆破噪声。因为它将总药量分成几段小的药量,故减小了爆破噪声。但实际应用时,还应注意方向效应,以免产生噪声的叠加。实践证明,只要布局合理,采用秒或毫秒延期爆破,可降低噪声强度 $1/3 \sim 1/2$。

(3) 采用水封爆破。爆破时,在覆盖物上面再覆盖水袋,不仅可以降噪,还可以防尘,是一种比较理想的方法。实践证明,水封爆破比一般爆破可以降低噪声强度约 $2/3$。

(4) 避免炮孔间的延期时间过长,以防出现无负载炮孔。

(5) 考虑前面讨论过的气候条件,尽量选择在有利的气候条件时爆破。安排合理的爆破时间;首先把爆破安排在爆区附近居民上班或他们同意的时间进行;然后避免在早晨或下午较晚时进行爆破,以减少因大气效应而引起的噪声增加。

(6) 严密堵塞炮孔和加强覆盖,也可大大减弱爆破噪声。

(7) 设置遮蔽物或充分利用地形地貌。在爆源与测点之间设置遮蔽物,如防护排架等,可阻碍和扰乱声波的正常传播,并改变传播的方向,从而可较大地降低声波直达点的噪声级。如测点与爆源之间有树林或山坡,也可起到类似降噪的作用。

(8) 注意方向效应。当大量炮孔以很短的延发时间相继起爆时,各单孔爆破产生的噪声可能在某一特定的方向上叠加,从而形成强大的爆破噪声。一般来说,孔距与孔间延期时间之比即爆破沿工作面推进速度大于或等于空气中的声速时,爆破噪声就会在某一方向上叠加,而孔内装药长度大于最小抵抗线时,亦会产生这样的现象。此外,爆破噪声在顺山谷或街道方向,其传播距离也会大大增加。因此,工程实际中应尽量避免出现这种现象,尽量使声源辐射噪声大的方向避开要求安静的场所。

(9) 通过绿化降低噪声。采用绿化的方法降低噪声,要求绿化林带有一定的宽度,树木要有一定的密度,绿化对1000Hz 以下的噪声作用不大,但当噪声频率较高时,则有明显的降噪效果。大约 100m 宽的林带,噪声衰减量为 10dB。

二、爆破噪声的防护

在现实社会中,有许多工作环境的噪声级很大,但要从声源上根治噪声或在传播途上降低噪声,却又是相当困难或不经济的,如凿岩工和爆破工所处的工作环境。这样就必须对工作人员采取个体防护措施。

个人防护噪声的用品主要有:耳塞、防声棉、耳罩、防护帽和防护衣。一般要求它们能够使之佩戴舒适,对皮肤没有损伤,使用寿命长,具有较大的隔声量和合适的语音清晰度。

(1) 耳塞是插入外耳道的护耳器。它的特点是体积小、价格低、佩戴和携带方便;在正确使用情况下,可以得到很高的声衰减,并且对头部佩戴的其他用品,如帽子、眼镜等都不会有妨碍。耳塞的主要缺点是佩戴舒适性差,特别是炎热环境中更为显著。

按制作方法和使用材料,耳塞又可分为:

1) 棉花耳塞。它是将一般棉球塞入耳道所形成的,其隔声效果不够理想,大约只能降低 10dB 的噪声。若将棉花用石蜡浸过,则可使隔声量达到 20dB 左右。

2) 防声棉耳塞。使用时,撕下一小块(重约 0.4g)用手卷成锥形塞入耳内。在强烈的高频噪声场合使用这种防声棉,不仅不妨碍交谈,而且还可以提高语言的清晰度。其原因是,人们的语言频率主要在 1000Hz 以下,而防声棉对此频率范围的声音隔声量较小。因此,原来不使用防声棉时,人们听到的只是尖叫刺耳的高频声,而使用防声棉后,这种尖叫声被隔掉,使得谈话声更清晰了。

在 125～8000Hz 的频率范围内,其隔声效果平均为 15～20dB。随频率增加,隔声值也增加。其主要缺点是纤维较短,耐噪性不够,易碎。

3) 预模式耳塞。它是用软塑料或软橡胶压制而成的。其式样很多,应用最普遍。它一般有大、中、小三种型号,形状有柱形和伞形两种,其中以伞形为最佳,隔噪效果为 15～30dB。

4) 泡沫塑料耳塞。它是用具有回弹性特殊泡沫塑料制成,佩戴前要用手将它捏细,放入耳道后,由其自行膨胀而充满耳道。

5) 入耳模耳塞。这是一种在常温条件下能固化的硅橡胶类的物质注入外耳道凝固成形的。其防噪效果一般为15～30dB,且声波频率越高,防噪效果越好。

(2) 耳罩。耳罩是将整个耳廓封闭起来的护耳装置。其平时隔声值一般为 15～25dB,高频隔声值可达 40dB,低频隔声值为 15dB 以下。

(3) 防噪声帽。防噪声帽有软式和硬式之分,前者像飞行员头上所带的人造帽,后者也叫防声头盔。它可将整个头部罩起来。其优点是隔声量大,为 30～50dB,还可以兼作保护头部安全之用。缺点是体积大,高温环境带用会感到闷热,且价格较贵。

(4) 耳塞、耳罩和防声帽的组合。它的隔声效果更好,可达 35～55dB。

(5) 防护衣。噪声级达到 140dB 以上时,不但损伤听觉和头部,而且对胸部内各器官也有严重的不良影响。因此,保护胸部也是很重要的。

胸部的个人防护是穿一件轻型防护衣。这是用玻璃钢或铝板内衬柔软多孔性吸声材料做成的。它既可以防噪声,又可以防冲击波,其防超压性能很好。

第七节　早爆、拒爆事故预防与处理

一、早爆及其预防

在电爆网路的设计中,既要保证网路安全准爆,又必须防止在正式起爆前网路的早爆。从引起早爆的原因分析,防止早爆,对于安全控制有较大意义。爆区周围的外来电场是引起早爆的主要原因。外来电场主要指雷电、杂乱电流、静电、射频电、化学电等。另外,错误的使用电爆网路的测试仪表和起爆电源、雷管的质量问题也可能引起早爆。

1. 雷电引起的早爆及其预防

在早爆事故中,雷电引起早爆占比很大。其多发生在露天爆破作业中,如洞室爆破、深孔爆破和浅孔爆破的电爆网路。

(1) 雷电引起早爆的原因。

1) 直接雷击。雷击可以产生热效应(雷电通道温度可达到 6000～10000℃,甚至更高)、电效应、冲击波等强大的破坏作用,对起爆网路危害甚大。在现实中,由于爆破网路一般沿地面敷设,附近往往有较高的构筑物和设备,直接雷击的早爆较为少见。

2）电磁场的感应。雷电流有极大的峰值和陡度，可以在其周围形成强大的变化的电磁场，处于电磁场内的导体会感应到强大的电动势。如果电爆网路处于其中，就会产生感应电流，该电流超过电雷管的安全电流时，就可能引起早爆。现实中，较多早爆源于此。

3）静电感应。天空中有带电的雷云时，雷云下面的地面和物体(如起爆网路导线)等将受到静电感应作用而带上相反的电荷。由于从雷云的出现到发生雷击所需的时间相对于主放电过程的时间要长很多，因此，大地可以有充分的时间积累大量的电荷，雷击发生时，雷云上的电荷通过闪击与地面上的异种电荷迅速中和，而起爆网路导线上的感应电荷，由于与大地间有较大的电阻，不能短时间内消失，从而形成局部地区感应高电压。当网路中某个导线连接点直接接地时，在放电中导线上由于雷管有阻力而产生压降，致使有感应电流流过雷管发生早爆。

（2）预防雷电早爆的措施。

1）注意天气预报，避免在雷雨时从事爆破作业，对已装药又不能赶在雷雨前起爆的，人员和设备要撤离到危险区以外；雷雨季节进行爆破作业宜采用非电起爆系统，在露天爆区不得不采用电力起爆系统时，应在爆破区域设置避雷针或预警系统；在雷电到来之前，暂时切断一切通往爆区的导电体(电线或金属管道)，防止电流进入爆区。

2）对洞室爆破，遇有雷雨时，应立即将各洞口的引出线端头分别绝缘，放入离洞口至少 2m 的悬空位置上，同时将所有人员撤离到安全地区。

3）电爆网路主线埋入地下 25cm，并在地面布设与主线走向一致的裸线，其两端插入地下 50cm。

4）在雷电到来之前将所有装药起爆。

2. 杂散电流引起的早爆及预防

存在于起爆网路的电源电路之外的杂乱无章的电流，其大小、方向随时都在变化的电流称为杂乱电流。主要有网路流经金属物或大地的返回电流、大地自然电流、化学电以及交流杂散电流等。

(1)杂散电流产生的主要原因。各种电源输出的电流,通过线路到达用电设备后,必须返回电流。当用电设备与电源之间的回路被切断后,电流便利用大地作为回路而形成电流,即杂散电流。另外电气设备或电线破损产生的漏电也能形成杂散电流。

《爆破安全规程》(GB 6722—2014)规定,爆破作业场地的杂散电流大于 30mA 时,禁止采用普通电雷管。杂散电流可以通过杂散电流测试仪现场测试。一般一些电雷管测试仪表中也已附加了杂散电流测试功能。

(2)预防杂散电流的措施。

1)减少杂散电流来源,采用措施减少电机井和动力线路对大地的电流泄漏;检查爆区周围的各类电器设备,防止漏电;切断进入爆区的电源、导电体等。在进行大规模爆破时,采取局部或全部停电。

2)装药前应检查爆区的杂散电流,当杂散电流超过 30mA 时,应采取降低杂散电流的措施,采用抗杂散电流的电雷管或防杂散电流的电爆网络,或改用非电起爆系统。

3)防止金属物及其他导电体进入装有电雷管的炮眼中,防止将硝铵类炸药洒在潮湿的地面上等。

3. 感应电流引起的早爆及预防

(1)感应电流的产生。感应电流是由交变电磁场引起的,一般位于动力线、变压器、高压电开关和接地的回馈铁轨附近。起爆网路可以在这些设备周围产生感应电流,当感应电流超过电雷管的安全电流时就会产生早爆事故。当感应电流超过 30mA 时,禁止采用普通电雷管。

(2)预防感应电流引起早爆的措施。

1)电爆网路附近有输电线时,不得使用普通电雷管;否则,必须用普通电雷管引火头进行模拟实验。

2)在 20kV 动力线 100m 范围内不得进行电爆网络作业。

3)尽量缩小电爆网络圈定的闭合面积,电爆网路两根主线间距离不得大于 15cm。

4）采用导爆管起爆系统。

4. 静电引起的早爆及预防

（1）静电产生的原因。化纤工作服或其他绝缘性能的工作服相互摩擦会产生静电荷，当电荷积累到一定程度时，便会放电，一旦遇上电爆网路，就可能导致雷管爆炸。

采用压气装药器或装药车装药虽然效率高，效果好，但是装药过程中机械的运转、设备之间的摩擦会产生静电，如果不及时消除，静电聚集到一定程度会产生强烈火花放电，不仅可能对操作人员产生高压电火花的冲击，引起瓦斯或粉尘爆炸的危险，而且可能引起电雷管的早爆，主要有以下四种情况：

1）装药时，带电的炸药颗粒使爆药包和雷管壳带电。若雷管脚线接地，引火头与管壳之间产生火花放电，能量到达一定程度时引起早爆。

2）装药时，带电的装药软管将电荷感应或传递给电雷管脚线。若管壳接地，引火头与管壳之间产生火花放电，能量达到一定程度时引起早爆。

3）装药时，电雷管的一根脚线受带电的炸药或输药软管的感应或传递而带电，另一根脚线接地，则脚线之间产生电位差，电流通过电桥与脚线之间流动。当电流大于电雷管的最小安全电流时，电雷管早爆。

4）在第三种情况下，如果电雷管断桥，则在电桥处产生间隙，并因脚线间的电位差而产生放电，可能引起早爆。

（2）静电早爆的预防措施。

1）作业人员禁止穿戴化纤、羊毛等可能产生静电的衣物；

2）机械装药时，所有设备必须有可靠的接地，防止静电积累。粒状铵油炸药露天装药车车厢应用耐腐蚀的金属材料制作，箱体应有良好的接地；输药软管应使用专用半导体材料软管，钢丝与厢体的连接应牢固。

3）在使用压气装填粉状硝铵类炸药时，特别在干燥地区，为防止静电引起早爆，可以采用导爆索网路和孔口起爆法,或采用抗静电的电雷管。

4）采用导爆管起爆系统。

5. 高压电、射频电对早爆的影响与预防

高压电是指电压很高的电,射频电是指电台、雷达、电视发射台、高频设备等产生的各种频率的电磁波,在其周围形成电场,电爆网路处于其中时,感生和吸收电能,在网路两端产生感应电压,从而有电流通过,当该电流超过电雷管的最小发火电流时,就可能引起早爆。

为防止早爆必须遵循以下规定:

（1）采用电爆网路时,应对高压电、射频电等进行调查。

（2）在爆区用电引火头代替电雷管,做实爆网路模拟试验,检验射频源对电爆网路的影响。

（3）禁止流动射频进入作业现场。

（4）电爆网路应顺直、贴地铺平,尽量缩小导线圈定的闭合面积。电爆网路的主线应用双股导线或相互平行或紧贴的单股线,如用两根导线时,其间距不得超过 15cm。

（5）各安全距离规定见表 7-9～表 7-12。

表 7-9　　　　　爆区与高压线的安全允许距离

电压/kV		3～6	10	20～50	50	110	220	400
安全允许距离/m	普通电雷管	20	50	100	100			
	抗杂电雷管					10	10	16

表 7-10　　　　爆区与中长波电台(AM)的安全允许距离

发射功率/W	5～25	25～50	50～100	100～250	250～500	500～1000
安全允许距离/m	30	45	67	100	136	198
发射功率/W	1000～2500	2500～5000	5000～10000	10000～25000	25000～50000	50000～100000
安全允许距离/m	305	455	670	1060	1520	2130

表 7-11　爆区与移动式调频(FM)发射机的安全允许距离

发射功率/W	1~10	10~30	30~60	60~250	250~600
安全允许距离/m	1.5	3.0	4.5	9.0	13.0

表 7-12　爆区与甚高频(VHF)、超高频(UFM)电视发射机的安全允许距离

发射功率/W	1~10	10~100	100~1000	1000~10000	10^4~10^5	10^5~10^6	10^6~10^7
VHF 安全允许距离/m	1.5	6.0	18.0	60.0	182.0	609.0	
UFM 安全允许距离/m	0.8	2.4	7.6	24.4	76.2	244.0	609.0

6. 仪表电和起爆电源引起的早爆、误爆及预防

《爆破安全规程》(GB 6722—2014)重点强调:电爆网路的导通和电阻值检查,应使用专用导通器和爆破电桥,专用爆破仪器的工作电流应小于 30mA。使用万能表等非专用爆破电桥,容易因误操作使仪表工作电流超标而引起早爆。

防止仪表电和起爆电源失误产生早爆、误爆的措施是:严格按规程使用专用导通器和爆破电桥进行电爆网路的导通和电阻值检查,禁止使用万用电表或其他仪表检测雷管电阻和导通网络;定期检查专用通道器和爆破电桥的性能和输出电流。

定期检查、维修起爆器,电容式起爆器至少每月充电赋能一次。

起爆器和电源开关箱的钥匙要由起爆负责人严加保管,不得交给他人。

起爆网路在连接起爆器前,起爆器的两接线柱要用绝缘导线短路,放掉接线柱上可能残留的电量。

二、拒爆的判定及处理

1. 拒爆现象

发生下列现象之一者,可以判断其药包发生了拒爆:

(1)爆破效果与设计有较大差异,爆破形态和设计有较

大差别,地表无松动或抛掷现象。

（2）在爆破地段范围内残留炮孔,爆破中留有岩坎、陡壁或两药包之间有显著的间隔。

（3）现场发现残药和导爆索残段。

2. 处理盲炮应遵循的规定

（1）应由爆破领导人定出警戒范围,并在该区域内设置警戒,无关人员不得入内。

（2）应派有经验的爆破员处理盲炮,洞室爆破的盲炮处理应由爆破工程技术人员提出方案并经单位主要负责人批准。

（3）电力起爆发生盲炮时,立即切断电源。

（4）导爆索和导爆管起爆网路发生盲炮时,应首先检查是否有破损或断裂,如果有,需修复后重新起爆。

（5）不应拉出或掏出炮孔中的起爆药包。

（6）盲炮处理后,应仔细检查爆堆,将残余爆破器材集中销毁;在不能确认爆破无残留的情况下,应采取预防措施。

（7）盲炮处理后,应由处理者填写登记卡片或提交报告,说明产生盲炮的原因,处理的方法和结果、预防措施。

3. 处理裸露爆破的盲炮

（1）处理裸露爆破的盲炮:可去掉部分封泥,安置新的起爆药包,加上封泥起爆。如发现炸药受潮变质,则应将变质炸药取出销毁,重新敷药起爆。

（2）处理水下裸露爆破和破冰爆破的盲炮:可在盲炮附近另投入裸露药包诱爆,也可将药包回收销毁。

4. 处理浅孔爆破的盲炮

（1）经检查确认起爆网路完好时,可重新起爆。

（2）可打平行孔装药爆破,平行孔距盲炮不应小于 0.3m,对于浅孔药壶法,平行孔距盲炮药壶边缘不应小于 0.5m。为确定平行炮孔的方向,可从盲炮孔口掏出部分填塞物。

（3）可用木、竹或其他不产生火花的材料制成的工具,轻轻地将炮孔内堵基物掏出,用药包诱爆。

（4）可在安全地点外用远距离操纵的风水喷管吹出盲炮堵塞物或炸药,但应采取措施回收雷管。

（5）处理非抗水硝铵炸药的盲炮，可将堵塞物掏出，再向孔内注水，使其失效，但要回收雷管。

（6）盲炮应在当班处理，当班不能处理或未处理完毕，应将盲炮情况（盲炮数目、炮孔方向、装药数量和起爆药包位置、处理方法和处理意见）在现场交接清楚，由下一班继续处理。

5. 处理深孔爆破的盲炮

（1）爆破网路未受破坏，且最小抵抗线无变化者，可重新连线起爆。最小抵抗线有变化者，应验算安全距离，并加大警戒范围后，再连线起爆。

（2）可在距盲炮孔口不小于 10 倍炮孔直径处另打平行孔装药起爆。爆破参数由爆破工程技术人员确定，并经爆破领导人批准。

（3）所用炸药为非抗水性硝铵炸药，且孔壁完好时，可取出部分堵塞物，向孔内灌水使之失效，然后再做进一步处理。

6. 处理洞室爆破方法

（1）如能找出起爆网络的电线、导爆索或导爆管，经检查正常仍能起爆者，应重新测量最小抵抗线，重划警戒范围，连接起爆。

（2）可沿竖井或平洞清除填塞物，并重新敷设网路连接起爆，或取出炸药和起爆体。

第八节　爆破环境调查与有害效应监测

一、爆破效应

所谓的爆破，就是指炸药爆轰瞬间产生的高温高压破碎物体及破碎块运动的过程。爆破会产生一系列效应。

1. 地震波

当药包在岩石中爆破时，临近药包周围的岩石会产生压碎圈和破裂圈。当压力波通过破裂缝时，由于它迅速衰减无法引起岩石的破裂，只能使岩石质点产生弹性振动，这种弹性波就是地震波。影响地震波的因素有很多，比如：①装药量的影响,距爆源一定距离的质点振动速度随药量的增大而增加,随药量的降低而减少;②爆炸爆轰速度的影响,一定条件下,震速与爆轰速度成正比;③传播途径介质影响,介质影响质点振动速度;④节理、裂隙与裂缝影响,应力波传到介质面后会产生反射与折射,从而影响震速,而裂缝则起到了隔震作用。爆破地震波可能引起岩土和建筑物的破坏。

2. 爆破飞散物

在工程爆破中,被爆介质中那些脱离主爆堆而飞得较远的碎石称为爆破个别飞散物。造成爆破飞散物的因素有很多,如:①装药量过大,致使尚有多余的能量作用在石块上,使碎块获得足够的动能向四周飞散;②爆物的介质结构不均匀,爆破气体会作用在某些弱面,导致这些部位产生大量飞石;③炮孔口堵塞的长度不够,导致孔破碎,产生飞石;④起爆方式也会影响爆破时飞石的产生;⑤自由面对装药量的影响。

3. 空气冲击波

爆破空气冲击波是爆破产生的空气内的一种压缩波。炸药在空气中爆炸,具有高温高压的爆炸产物直接作用在空气介质上;在岩体中爆炸,这种高温高压爆炸产物就在岩体破裂的瞬间冲入大气中。爆破空气冲击波产生的原因有很多种,主要有:①裸露地面的炸药产生空气冲击波,比如地上的导火索;②装药孔口堵塞长度小,堵塞质量也不好,高温高压爆炸产物从孔口外溢产生空气冲击波;③局部抵抗线太小,沿该方向以释放爆炸能量,产生空气冲击波;④岩体不均匀,在断层、夹层等薄弱部位,爆炸产物集中喷出形成空气冲击波;⑤爆破时岩体沿最小抵抗线方向振动外移,发生鼓包运动,以及强烈的振动诱发空气冲击波。

爆破空气冲击波带来较大的危害,露天和地下大爆破或炸药库房意外爆炸事故产生的强烈空气冲击波,可以造成建筑物、设备、管线及人都受到不同程度的破坏和损伤。

4. 有毒气体

工程爆破中一般采用炸药都是由 C、H、O、N 四种元素组成的化合物,为了避免或减少生成氮氧化物和一氧化碳,炸药爆炸反应时力求达到正氧平衡或零氧平衡,从而把碳和氢完全氧化生成二氧化碳和水。此外,当爆破介质中含有硫化物,如硫化矿、黄铁矿、含黑铁矿的煤炭,爆破时还会生成硫化氢和二氧化硫等有毒气体。硫化物矿石在某些特定条件与硝铵炸药直接接触,发生一系列化学反应,使炸药爆燃或燃烧而引起自爆,产生大量毒气。有毒气体对人的危害主要是,一氧化氮与红细胞内的血红蛋白结合,造成人体严重缺氧,严重时会致人窒息死亡;氮氧化物中的一氧化氮不溶解于水,但可与血液中的红血球结合,损害人体吸收氧的能力,产生缺氧的萎黄病;其他氧化物溶于水,在肺表面黏膜上反应生成硝酸和亚硝酸,可能使肺部发生水肿而致死。

5. 爆破粉尘

近年,城市建筑物拆除爆破中的粉尘对环境的污染问题越来越受到人们的关注。拆除爆破施工作业中,采用干湿钻孔时,其作业面的粉尘浓度可达数 $10mg/m^3$。影响爆破粉尘的因素很多,主要有:①爆破的物理性质对产尘强度有很大的影响。岩石硬度愈大,爆破后进入空气中的粉尘量也愈大。②爆破单位体积的岩石所用的炸药量愈多,产尘强度愈大。③炮孔深,产尘强度小,炮孔浅,产尘强度大。④爆破技术不同产尘强度也不同。⑤空气湿度和岩石表面的潮湿程度越小,工作面的粉尘浓度愈高。粉尘对人身体健康有很大的影响,当吸入大量游离二氧化硅的粉尘时,会引起矽肺(尘肺中最严重的一种职业病)。

二、降低爆破危害的措施

爆破危害影响程度大小与爆破技术、爆破参数、地质构造、岩体物理力学性能、施工工艺等因素有关。虽然诸因素之间相互作用使问题错综复杂,但是随着对爆破技术的不断改进和完善,可以在达到爆破设计效果的同时,把爆破的危害影响降至最低。

1. 爆破工程安全

爆破器材是危险品,在受热、光照、摩擦、撞击、超声振动、电磁辐射、静电放电等情况下，达到一定程度时都能引起爆炸。若对爆破器材的运输、存储、保管不善，或因验收、发放、废品销毁制度不严格引起外露，都会造成意外爆炸事故。在爆破施工中，操作人员如果缺乏专业知识，不遵守操作规程，粗心大意，违章作业，或对新材料、新工艺认识不足，过分依赖经验，冒险操作等，将会造成施工中的爆破事故。《爆破安全规程》(GB 6722—2014)中对爆破器材的存储、运输、保管、验收等操作均有严格规定。要严格依照规定去操作，才能使操作人员的生命安全得到保障。

2. 爆破本身危害的控制和防护

(1) 爆破地震效应控制措施。可以采用一定技术措施来减轻地震波危害，它包括降低地震波的强度和采取必要的防护措施两方面内容。具体的方法和措施有：①采用微差起爆减小单段药量的办法。段数越多，降震效果越好，实验证明段间间隔为 100ms 降振效果比较明显。②采用预裂爆破或开挖减震沟槽。③限制一次爆破最大用药量。④对于建筑物拆除爆破，应加大欲拆除部位面积，减少爆破钻孔数，对基础部位采用部分爆破拆除方式、低爆速炸药或采用静态破碎剂。⑤设置缓冲垫层的方法。⑥选择合理爆破器材，设计合理爆破参数等。在重要的和敏感的保护对象附近或爆破条件复杂地区进行爆破时，应进行爆破地震监测，以确保被保护物的安全。

(2) 防止飞石的措施。实践证明，只要充分掌握爆破地形地质、爆破器材基本性能，精心设计、精心施工，就能控制大部分个别飞散物的飞散距离。对于已产生的爆破飞石，根据对爆破飞石产生的原因和影响因素的分析，采取以下控制措施：①控制飞石的方向；②改变局部装药结构和加强堵塞；③合理安排起爆次序和选择间隔时间；④减小装药集中度；⑤进行覆盖。此外，在爆破时还有一次防护措施：对人身的防护是撤离危险区，并加强警戒；对建筑物的防护是用覆盖方法防止飞石危害。

(3) 降低空气冲击波的主要措施。爆破过程中为有效减轻空气冲击波的危害,应从两方面着手:一是防止产生强烈的冲击波;二是进行必要的防护。防止产生强烈空气冲击波具体措施有:①采用良好的爆破技术;②保持设计抵抗线;③进行覆盖和堵塞;④注意地质构造的影响;⑤控制爆破方向及合理安排爆破时间;⑥注意气象条件。防护的具体做法有:①爆破前应把人员撤离到安全区,并增加警戒;②露天或地下大爆破时,可以利用一个或几个反向布置的辅助药包,与主药包同时起爆,以削弱主药包产生的空气冲击波;③地下爆破区附近巷道构筑不同形式和材料的阻波墙,据报道阻波墙可以削减冲击波强度98%以上。

(4) 控制有毒气体危害的安全防护措施。为了减轻或消除爆破的有毒气体,首先要设计和选择正确的炸药配方,使炸药为零氧平衡;其次,要使炸药爆炸反应得以充分进行;此外,在炸药使用方面:①优选炸药品种和严格控制一次起爆药量;②保证炮孔堵塞长度和堵塞质量,能够使炸药发生爆炸时介质在碎裂之前,装药孔洞内保持高温、高压状态,有利于炸药充分反应,减少有毒气体生成量;③采用水封爆破和爆破时喷洒碱液。爆破时还应将人员、牲畜撤离危险区,爆破后对爆破附近或洞室、井巷空气中毒气含量进行检查,或放置动物做试验,确认毒气扩散完毕方可允许人员进入。

(5) 降低爆破粉尘措施。为有效的控制爆破粉尘的危害,可以采取以下措施:①为了减少钻孔时的粉尘,应采用湿式凿岩;②对预处理的墙面或构件着地点加大范围的预先用水淋湿、淋透,边锤击使用水管喷射,可以有效地控制粉尘的产生;③爆破工程采用喷雾洒水等方法降低爆破粉尘;④建筑物拆除爆破工程,在爆破前将楼顶的贮水池装满水,或用储水袋爆破洒水控制爆破粉尘;⑤为大幅减少拆除爆破时的爆破粉尘,爆前重视渣土清理;⑥在拆除爆破建筑物的周围,宜采用篷布封闭,也可以有效减少施工作业对四周环境的粉尘污染。

第八章

石方工程质量控制检查与验收

一、石方工程质量检查标准

主要介绍工程中较为常见的岩石岸坡开挖、岩石地基开挖、岩石洞室开挖和堆石料填筑的质量检查标准。

1. 岩石岸坡开挖

根据《水利水电工程单元工程施工质量验收评定标准 土石方工程》(SL 631—2012)有关规定,岩石岸坡开挖施工质量要求见表 8-1。

2. 岩石地基开挖

根据 SL 631—2012 有关规定,岩石地基开挖施工质量要求见表8-2。

表 8-1 岩石岸坡开挖施工质量标准

项次		检验项目	质量要求	检验方法	检验数量
主控项目	1	保护层开挖	浅孔、密孔、少药量、控制爆破	观察、量测	每个单元抽测 3 处,每处不少于 10m³
	2	开挖坡面	稳定且无松动岩块	观察、仪器量测	全数检查
	3	岩体的完整性	爆破未损害岩土的完整性,开挖面无明显爆破裂隙,声波降低率小于 10% 或满足设计要求	观察、声波检测(需要时采用)	符合设计要求

项次	检验项目	质量要求	检验方法	检验数量
一般项目	1 平均坡度	开挖坡面不陡于设计坡度,台阶(平台、马道)符合设计要求	观察、量测	总检测点数量采用横断面控制,断面间距不大于10m,各横断面沿坡面斜长方向测点间距不大于5m,且点数不少于6个点;局部凸突出或凹陷部位(面积在0.5m²以上者)应增设检测点
	2 坡脚标高	±20cm		
	3 坡面局部超欠挖	允许偏差:欠挖不大于20cm,超挖不大于30cm		
	4 炮孔痕迹保存率	节理裂隙不发育的岩体>80%		
		节理裂隙发育的岩体>50%		
		节理裂隙极发育的岩体>20%		

表 8-2　　岩石地基开挖施工质量标准

项次	检验项目	质量要求	检验方法	检验数量
主控项目	1 保护层开挖	浅孔、密孔、小药量、控制爆破	观察、测量	每个单元抽测3处,每处不少于10m³
	2 基建面处理	开挖后岩面应满足设计要求,建基面上无松动岩块,表面清洁,无泥垢、油污		全数检查
	3 多组切割的不稳定岩体开挖和不良地质开挖处理	满足设计处理要求		
	4 岩体的完整性	爆破未损害岩土的完整性,开挖面无明显爆破裂隙,声波降低率小于10%或满足设计要求	观察、声波检测(需要时采用)	符合设计要求

项次		检验项目		质量要求	检验方法	检验数量
一般项目	1	无结构要求或无配筋的基坑断面尺寸及开挖面平整度	长或宽小于等于10m	符合设计要求,允许偏差为-10～20cm	观察、测量	检测点采用横断面控制,断面间距不大于20m,各横断面测点间距不大于2m,且点数不少于6个点;局部凸出或凹陷部位(面积在0.5m²以上者)应增设检测点
			长或宽大于10m	符合设计要求,允许偏差为-20～30cm		
			坑(槽)底部标高	符合设计要求,允许偏差为-10～20cm		
			垂直或斜面平整度	符合设计要求,允许偏差为20cm		
	2	有结构要求或有配筋的基坑断面尺寸及开挖面平整度	长或宽小于等于10m	符合设计要求,允许偏差为0～10cm		
			长或宽不大于10m	符合设计要求,允许偏差为0～20cm		
			坑(槽)底部标高	符合设计要求,允许偏差为0～20cm		
			垂直或斜面平整度	符合设计要求,允许偏差为15cm		

地质缺陷处理施工质量标准见表 8-3。

表 8-3 地质缺陷处理施工质量标准

项次		检验项目	质量要求	检验方法	检验数量
主控项目	1	地质探孔、竖井、平洞、试坑处理	符合设计要求	观察、量测	全数检查
	2	地质缺陷处理	节理、裂隙、断层、夹层或构造破碎带的处理符合设计要求		

项次	检验项目	质量要求	检验方法	检验数量
主控项目	3 缺陷处理采用材料	材料质量满足设计要求	取样试验等	每种材料至少抽验1组
	4 渗水处理	地基及岸坡的渗水（含泉眼）已引排或封堵，岩面整洁无积水	观察	全数检查
一般项目	1 地质缺陷处理范围	地质缺陷处理的宽度和深度符合设计要求。地基及岸坡岩石断层、破碎带的沟槽开挖边坡稳定，无反坡，无浮石，节理、裂隙内的填充物冲洗干净	量测、观察	检查点采用横断面或纵断面控制，各断面点数不小于5个点，局部凸出或凹陷部位（面积在 0.5m² 以上者）应增设检测点

注：构筑物地基、岸坡地质缺陷处理的灌浆、沟槽回填混凝土等工程措施，按 SL 633 或 SL 632 执行。

3. 岩石洞室开挖

根据《水利水电工程单元工程施工质量验收评定标准土石方工程》(SL 631—2012)有关规定，岩石洞室开挖施工质量标准见表8-4。

表 8-4　　　　　岩石洞室开挖施工质量标准

项次	检查项目	质量要求	检验方法	检验数量
主控项目	1 光面爆破和预裂爆破效果	残留炮孔痕迹均匀，预裂爆破后的裂缝连续贯穿。相邻两孔间的岩面平整，孔壁无明显的爆破裂隙，两茬炮之间的台阶或预裂爆破孔的最大外斜值不宜大于10cm。炮孔痕迹保存率：完整岩石在 90% 以上，较完整和完整性差的岩石不小于 60%，较破碎和破碎岩石不宜小于 20%	观察、量测、统计等	每个单元抽测3处，每处不少于 2～5m²

项次		检查项目	质量要求		检验方法	检验数量
主控项目	2	洞、井轴线	符合设计要求,允许偏差为−5~5cm		测量	全数检查
	3	不良地质处理	符合设计要求		查阅施工记录	
	4	爆破控制	爆破未损害岩体的完整性,开挖面无明显爆破痕迹,声波降低率小于10%,或满足设计要求		观察、声波检测(需要时采用)	符合设计要求
一般项目	1	洞室壁面清理	洞室壁面上无残留的松动岩块和可能塌落危石碎块,岩石面干净,无岩石碎片、尘埃、爆破泥尘等		观察、查阅施工记录	全数检查
	2	岩石壁面局部超、欠挖及平整度	无结构要求、无配筋预埋件	底部标高	符合设计要求,允许偏差为−10~20cm	测量	检测点采用横断面控制,断面间距小于等于5m,各横断面测点间距小于等于2m,且点数不少于6个点;局部凸出或凹陷部位(面积在0.5m²以上者)应增设检测点
				径向尺寸	符合设计要求,允许偏差为−10~10cm		
				侧向尺寸	符合设计要求,允许偏差为−10~20cm		
				开挖面平整度	符合设计要求,允许偏差为15cm		
	3		有结构要求或有配筋预埋件	底部标高	符合设计要求,允许偏差为0~15cm		
				径向尺寸	符合设计要求,允许偏差为0~15cm		
				侧向尺寸	符合设计要求,允许偏差为0~15cm		
				开挖面平整度	符合设计要求,允许偏差为10cm		

4. 堆石料填筑

根据《水利水电工程单元工程施工质量验收评定标准土石方工程》(SL 631—2012)有关规定,堆石料填筑主要质量标准见表8-5。

表8-5 堆石料铺筑施工质量标准

项次		检查项目	质量要求	检验方法	检验数量
主控项目	1	铺料厚度	铺料厚度应符合设计要求,允许偏差为铺料厚度的−10%～0,且每一层应有90%的测点达到规定的铺料厚度	方格网定点测量	每个单元的有效测量点点数不小于20个点
	2	结合部铺填	堆石料纵横结合部位宜采用台阶坡法,台阶宽度应符合设计要求,结合部位的石料无分离、架空现象	观察、查阅施工记录	全数检查
一般项目	1	铺填层面外观	外观平整,分区均衡上升,大粒径料无集中现象	观察	全数检查

堆石料压实施工质量标准见表8-6。

表8-6 堆石料压实施工质量标准

项次		检查项目	质量要求	检验方法	检验数量
主控项目	1	碾压参数	压实机具的型号、规格,碾压遍数、碾压速度、碾压振动频率、振幅和加水量应符合碾压试验确定的参数值	查阅试验报告、施工记录	每班至少检查2次
	2	压实质量	孔隙率不大于设计要求	试坑法	主堆石区每5000～50000m³取样1次;过渡层区每1000～5000m³取样1次

项次	检查项目	质量要求		检验方法	检验数量
一般项目	1	压层表面质量	表面平整，无漏压、欠压	观察	全数检查
一般项目	2	断面尺寸	下游坡铺填边线距坝轴线距离	有护坡要求	符合设计要求，允许偏差为±20cm	测量	每一检查项目，每层不少于10个点
一般项目	2	断面尺寸	下游坡铺填边线距坝轴线距离	无护坡要求	符合设计要求，允许偏差为±30cm	测量	每一检查项目，每层不少于10个点
一般项目	2	断面尺寸	过渡层与主堆石区分界线距坝轴线距离	符合设计要求，允许偏差为±30cm	测量	每一检查项目，每层不少于10个点
一般项目	2	断面尺寸	垫层与过渡层分界线距坝轴线距离	符合设计要求，允许偏差为−10～0cm	测量	每一检查项目，每层不少于10个点

二、石方工程施工要点控制

依据《水利水电工程施工质量通病防治导则》（SL/Z 690—2013）有关规定，对较为常见的岩石岸坡开挖、岩石地基开挖和岩石洞室开挖等施工过程中容易出现的问题，从现象、原因和防止措施三个方面加以说明。

1. 岩石边坡开挖

岩石边坡开挖过程中较容易出现的问题是预裂爆破效果差、预裂或光面爆破效果差、石料超径、边坡崩塌或滑坡。

（1）预裂爆破效果差。

1）现象。预裂缝未贯通，岩石表面裂缝不明显；预裂缝隙过大，造成永久边坡震动破坏。

2）主要原因：①孔位、孔斜偏差大；②爆破设计不合理，爆破参数选择不当；③与岩石节理产状和发育程度有关，岩石软硬相间。

3）防治措施要点：①应充分了解爆破作业区的地质条

件;了解拟用火工材料的性能指标;认真做好爆破设计,慎重选择爆破参数;爆破前应进行生产性试验,验证爆破设计,并根据爆破试验效果对爆破参数进行修正。②应对造孔、药包制作、装药、爆破网络铺设和起爆等各工序编制作业指导书及操作规程,并向每个现场管理人员和操作人员交底,明确各自责任,严格执行班组及工序间的交接检验和记录制度。③所有爆破作业应遵守《爆破安全规程》(GB 6722—2014)的规定,爆破人员应持证上岗。④采用预裂或光面爆破等综合技术。

(2) 预裂或光面爆破效果差。

1) 现象:①预裂爆破清除石渣后,岩壁上留有明显的爆破裂隙或未形成预裂面;②边坡体形尺寸误差超过设计值;③残留孔分布不均匀,半孔率低,甚至见不到残留孔。

2) 主要原因:①未进行生产性爆破试验;②爆破参数选取不当,预裂爆破不成功;③未依据岩性的变化对参数加以调整。

3) 防治措施要点:①应认真做好爆破设计,慎重选择爆破参数;②应做好生产性爆破试验,根据岩性变化不断地对爆破参数进行调整。

(3) 石料超径。

1) 现象:①爆破后,石料块径大,影响装载设备生产效率;②爆破石料作为利用料使用时,级配不良。

2) 主要原因:①爆破参数选择不当,炮孔间距、排距过大;②使用猛度不足;③抛掷爆破作业时,炮孔方向单一,抛掷物在空中不能互相撞击,形成二次破碎。

3) 防治措施要点:①采用微差挤压爆破技术,调整爆破参数,适当缩小炮孔间距、排距,适当加大前后排微差间隔时间;②使用猛度更大的炸药;③抛掷爆破作业时调整炮孔方向。

(4) 边坡崩塌或滑坡。

1) 现象。开挖形成的边坡崩塌或滑移。

2) 主要原因:①开挖前未对边坡稳定性、地下水的影响进行分析,未对不良地质条件进行预报;②爆破参数选择不当,施工过程中对岩体产生了较大扰动,边坡形成后未及时支护,也未对边坡稳定进行定期观测。

3)防治措施要点:①查明该地区地质条件,特别是和边坡稳定相关的断层、层面、节理裂隙的组合情况,并进行稳定分析;②慎重选择爆破参数,减少开挖对岩体的扰动;③边坡形成后应及时支护,并对可能滑动的边坡进行定期监测,发现位移数值不收敛时,应采取必要的处理措施。

2. 基岩开挖

基岩开挖过程中较容易出现的问题是基础岩体破坏、保护层开挖不符合要求、坑槽开挖断面不规整等问题。

(1)开挖造成基础岩体破坏。

1)现象。开挖后岩体表面有明显裂隙,致使基岩承载能力降低。

2)主要原因:①爆破开挖方法不正确;②基础岩层破碎,易风化和遇水崩解;③地下水发育,基坑排水不及时。

3)防治措施要点:①基础面以上岩体应采用分台阶开挖法并预留保护层,钻孔深度与开挖台阶高度比值宜在2/3~3/4之间;应采用手风钻钻水平浅孔、小药量多次爆破的方法进行保护层开挖,且保护层厚度不宜小于 1.5m;对接近建基面 50cm 的岩体,应采用破碎锤、风镐清除或人工撬挖。②易风化或遇水易崩解的泥岩、页岩基础面应控制地表水,对极易风化和崩解的岩层应及时采用喷射混凝土,或用与上部结构强度等级相同的混凝土封闭建基面。③采用预裂与光面爆破综合技术,对于保护层开挖,宜采用沿建基面造孔,一次性光爆成形处理。

(2)保护层开挖不符合要求。

1)现象:①预留保护层厚度不足;②岩石建基面存在爆破裂隙,基础面起伏差过大。

2)主要原因:①孔深控制不严,孔底不在同一平面;②未编制正确的作业指导书,或未按作业指导书作业。

3)防治措施要点:①开挖作业指导书应经监理审查批

准后再实施开挖作业;②开挖作业中,施工人员应认真执行开挖作业程序;保护层分层剥离开挖时,对孔口高程应逐一进行测量和标示,计算设计孔深,施钻和验收时严格检查,发现钻孔超深应及时纠正和回填。

(3)坑槽开挖断面不规整。

1)现象。基坑断面不规整,几何尺寸误差较大。

2)主要原因:①地质条件不良,或未根据地质条件选择开挖方法;②施工作业不规范。

3)防治措施要点:①本来地质条件下,应采取特殊处理措施,或采用与地质条件相适应的开挖方法;设计开挖边线应采用预裂爆破,减少爆破对周边围岩的震动;②认真编制坑槽开挖施工措施,采用合适的施工机械,施工过程中严格按照施工措施实施。

3. 地下洞室开挖

地下洞室开挖过程中较常见的钻爆法开挖和破碎围岩开挖的一些常见施工问题,从现象、原因、防治措施三方面说明。

(1)钻爆法开挖。钻爆法开挖过程中较容易出现的问题是洞室开挖超挖欠挖超过规定值、残留孔率低、爆破孔壁存在爆震裂隙。

1)洞室开挖超挖欠挖超过规定值。

现象:①洞室岩壁不平整度超标,某些断面实测平均超挖值大于200mm;②同一断面内,存在欠挖,影响混凝土衬砌钢筋结构的布置。

主要原因:①未进行实测性爆破试验,爆破设计及爆破参数选择不合理,或未根据洞室围岩的变化对爆破参数加以调整;②对局部不稳定的岩爆地段、断层破碎带未进行及时支护,发生掉块或坍塌,严重超挖;③爆破放线不准确,钻孔操作不当,孔向偏差过大,孔底不在同一开挖面。

防治措施要点:①爆破前应进行生产性试验,验证爆破设计参数;根据围岩变化情况及实际爆破效果及时调整爆破参数;②对围岩条件较差,洞室轴线与岩层层面、断层破碎带夹角较小,易发生局部塌落、掉块的洞室,应及时进行支护;③认真执行开挖作业程序,加强管理和质量控制。

2) 残留孔率低。

现象:洞周岩面残留孔率低于规范要求,甚至看不到残留孔痕迹,岩面起伏差大。

主要原因:未按光面爆破和预裂爆破要求进行设计,爆破参数选择不当,爆破药量过大。

防治措施要点:①慎重选择爆破参数;对不良工程地质地段应采用浅钻孔、弱爆破、强支护、勤量测的施工方法;针对不同围岩类别,应认真进行爆破设计,做好生产性爆破试验,并根据围岩变化及时调整爆破参数;②按照爆破设计要求及开挖作业程序进行爆破施工,加强管理和质量控制,及时纠正不规范行为。

3) 爆破孔壁存在爆震裂缝。

现象:爆破孔壁存在明显裂缝。

主要原因:爆破参数选择不当,如爆破孔孔径大、装药结构不合理、装药量过大等。

防治措施要点:①根据围岩岩性,认真做好爆破设计,适当缩小炮孔间、排距及孔径,合理调整爆破药量;②爆破前应进行生产性试验,验证爆破设计参数,并根据岩性变化及实际爆破效果及时进行调整。

(2) 破碎围岩段施工中出现掉块、塌方。

1) 现象。破碎围岩洞段施工中出现掉块、塌方,严重时出现大塌方和有规律的连续塌方。

2) 主要原因:①开挖循环进尺过大,对围岩扰动大,降低了围岩的自承能力;②洞室开挖断面较大时,未对地下洞室采取合理的分区、分部开挖和支护;③洞室与主要构造断裂面及软弱带走向的夹角小时易产生塌方;岩层间结合松疏的薄弱围岩与洞轴线夹角小时,易产生大塌方和连续塌方;④支护不及时,支护措施不当,支护施工质量差;⑤地下水、施工用水处理不当。

3）防治措施要点：

①选择合理的开挖循环进尺，并经现场试验验证；采用浅钻孔、弱爆破、强支护、勤量测的施工方法，减少对围岩的扰动；对软岩或极软岩宜采用人工和小型挖掘机开挖。

②根据地下洞室的断面形式及断面面积，认真研究，采取分部开挖、分部支护方案。

③隧洞开挖后应及时进行锚喷支护，特殊破碎围岩洞段还应及时进行格栅或拱架支护，封闭洞周围岩和底拱，下一开挖前采用超前锚杆或随机锚杆加强支护，必要时可提前实施二次衬砌。

④对地下水较丰富的破碎围岩洞段，应及时进行导水、排水，对出水量大而致使无法正常施工的，应采用超前灌浆堵水后，再进行导水、排水。

⑤对大塌方的处理措施：对塌方相邻洞段应加强支护；对摊滑体从地表（浅埋时）或隧道内沿开挖线以外打孔注浆，胶结加固松散体；对进尺或超前管栅注浆，分部进行清渣；及时布设钢筋网、安设格栅或拱架支撑、喷混凝土、设置锚杆、及时完成清渣后隧洞的初期支护；加强塌方段的安全检测，对初期支护的变形量、变形速率应及时认真分析，确定合理的初期支护洞段长度，及时施做永久衬砌结构；根据塌方区域松散体高度、地质、水文和运行条件等进行结构计算分析，合理选择永久衬砌结构；对塌方洞段周边应进行固结灌浆。

参 考 文 献

［1］水利工程建设标准强制性条文.北京:中国水利水电出版社,2016.

［2］汪旭光.爆破手册［M］.北京:冶金工业出版社,2010.

［3］水利电力部水利水电建设总局组织编.水利水电工程施工组织设计手册［M］.北京:中国水利水电出版社,1990.

［4］2011年度水利水电建设工法汇编.郑州:黄河水利出版社,2011.

［5］2014年度水利水电建设工法汇编.郑州:黄河水利出版社,2014.

［6］刘佑荣,唐辉民.岩体力学.北京:中国地质大学出版社.

［7］倪宏革,时向东.工程地质.北京:北京大学出版社.

［8］张永兴,贺永年.岩石力学.北京:中国建筑工业出版社.

［9］王玉杰.工程爆破.武汉:武汉理工大学出版社.

［10］刘殿中.工程爆破实用手册.北京:冶金工业出版社.

［11］刘永强.液压凿岩台车的安全操作与维护.

［12］地下工程支护

［13］刘建航,侯学渊.盾构法隧道.北京:中国铁道出版社.

［14］韦立勇.常见地层鉴别及其特性,HDD适用性及注意事项.武汉.锐林.

［15］周叔良.岩石特性对爆破设计方法的影响.《矿业工程》.

［16］王娟.地形与地质条件对爆破的影响.《农业科技与信息》2008年12期.

［17］李志刚,李玉刚,李宏伟.浅述爆破对地质条件的影响.《科技创新导报》2010年03期.

［18］白志勇,黄素贞,鲁勉.爆破对边坡岩体稳定性的影响.《路基工程》2014年03期.

［19］浅谈岩石粉状乳化炸药的特点及应用.《工程爆破》2013年01期.

［20］固结灌浆与帷幕灌浆在坝基处理中的应用.《科技致富向导》2013 年 26 期.

［21］黄玉芳,李建星,刘兴柱.新奥法在隧洞工程快速施工中的应用.《科技信息(科学教研)》2008 年 04 期.

内容提要

本书是《水利水电工程施工实用手册》丛书之《土石方开挖工程施工》分册,以国家现行建设工程标准、规范、规程为依据,根据编者多年工程实践经验编纂而成。全书共 8 章,内容包括:岩石基本性质、爆破的一般知识、凿岩、水工建筑物基础开挖、地下工程钻爆法开挖、掘进机与盾构机开挖、爆破危害控制与安全、石方工程质量控制检查与验收。

本书适合水利水电施工一线工程技术人员、操作人员使用。可作为水利水电工程土石方开挖工程施工作业人员的培训教材,亦可作为大专院校相关专业师生的参考资料。

《水利水电工程施工实用手册》